Die Vega

Europas jüngste Trägerrakete

Edition Raumfahrt kompakt

Die Vega

Europas jüngste Trägerrakete

Edition Raumfahrt kompakt

Edition Raumfahrt
© 2016 Bernd Leitenberger
http://www.raumfahrtbuecher.de
Herstellung und Verlag: BoD - Books on Demand, Norderstedt
2.te Auflage 2016
ISBN-13: 978-3-74314-252-7

Inhaltsverzeichnis

Vorwort

Die Vega war der Grund, warum ich mein Buch „Europäische Trägerraketen: Band 2 Ariane 5 und Vega" um ein Jahr verschob. Nun ist der Erststart erfolgt. Dies war der Anlass dieses Buch fertigzustellen. Ich habe mein Manuskript um die Arbeit während der letzten zwei Jahre ergänzt, Daten aktualisiert und um das Kapitel über den Jungfernflug erweitert. Das Kapitel über die geplanten Weiterentwicklungen konnte durch die Ergebnisse der VENUS-II Studie ausgebaut werden.

Dieses Buch wäre nicht ohne fremde Unterstützung zustande gekommen. Ich möchte der ESA für den Zugang zur „Fotobibliothek für Professionals" danken. Martin Sippel vom DLR stellte mir Artikel und Studien die VENUS-Oberstufe zur Verfügung. Thomas Jakaitis und Kevin Glinka haben sich des Manuskripts angenommen und es zur Korrektur gelesen. Michel Van hat eine Grafik für dieses Buch erstellt und zur Veröffentlichung freigegeben. Alle anderen Grafiken und Diagramme stammen von der ESA, sofern nicht anders vermerkt.

Den Installationen in Kourou und dem Bodennetzwerk ist ein eigenes Kapitel gewidmet, welches den Ausbau des europäischen Weltraumbahnhofs CSG (**C**entre **S**patial **G**uyanais) in Französisch-Guayana beschreibt. Es behandelt nur die Anlagen für die Vega, nicht die für Ariane und Sojus.

Das Buch soll gleichzeitig Nachschlagewerk sein, wie auch ein Buch über die Vega, das man „von vorne bis hinten" durchliest. Das machte einige Kompromisse nötig. Ich habe mich für kurze Wiederholungen entschieden, anstatt Querverweise zu setzen, um es dem Leser zu erlauben nachzuschlagen, ohne hin und her blättern zu müssen.

Die zweite Auflage wurde durch die Ergebnisse der folgenden Flüge (bis VV08) ergänzt und vor allem die Entwicklung der Vega um die Vega C erweitert.

Und nun: Attention pour le grand finale: dix, neuf, huit ....

Feste Treibstoffe – Alt und doch neu

Am Beispiel der Vega, eine moderne Feststoffrakete, zuerst als Grundlage eine kleine Einführung in die Technologie von Feststoffraketen.

Feste Treibstoffe werden in Form von Pulverraketen seit Hunderten von Jahren eingesetzt, doch erst in den letzten Jahrzehnten wurden die heutigen Feststoffantriebe entwickelt. Bisher können nur wenige Nationen große und leistungsfähige Feststoffantriebe bauen. Russland hat diesen Schritt bei zivilen Trägerraketen noch nicht getan.

Die heute verwendeten, modernen festen Treibstoffe bestehen aus drei Komponenten:

- Dem Oxydator Ammoniumperchlorat, der etwa zwei Drittel der Gesamtmasse ausmacht. Er liefert den Sauerstoff für die Verbrennung.

- Dem Verbrennungsträger Aluminium, der die Energie liefert (etwa 14 – 20%) und

- Dem Binder, einem Kunstharz, das aushärtet und dabei die beiden anderen Komponenten bindet.

Der Binder ist die wichtigste Neuerung bei den modernen festen Treibstoffen. Er erlaubt es, Mischungen zu erzeugen, die kontrollierbar und linear abbrennen. Dabei entschärft der Binder den Treibstoff. Die früher verwendete Mischung von Stoffen, wie das klassische Schwarzpulver, konnte explodieren, wenn es nicht gleichmäßig in die Form gepresst wurde. Als Binder werden Polymere verwendet, die durch einen Radikalstarter bei der Produktion vernetzt werden. Dabei werden in Mischern Aluminium und Ammoniumperchlorat zugemischt und die Mischung gerührt, bis sie zähflüssig ist und sich das schwere Aluminiumpulver nicht mehr abtrennt. Nach einigen Tagen des Aushärtens wird eine gummiartige Masse erhalten. Sie brennt nur an der Oberfläche. Selbst bei einer Explosion, wie sie bei der Selbstzerstörung eines Boosters vorkommt, explodiert der Treibsatz nicht. Im Gegenteil: Wenn der Brennkammerdruck abnimmt, verlöscht er. Der spezifische Impuls konnte gegenüber früheren Mischungen gesteigert werden. Er liegt heute bei einem Spitzenwert von etwa 2900 m/s – nur wenig unterhalb des Wertes von NTO/MMH, einem häufig eingesetzten lagerfähigen Treibstoff, der z. B. im AVUM der Vega verwendet wird.

Der Schubverlauf eines Feststoffantriebs kann auf zwei Arten beeinflusst werden. Beide Möglichkeiten bestehen allerdings nur während der Herstellung.

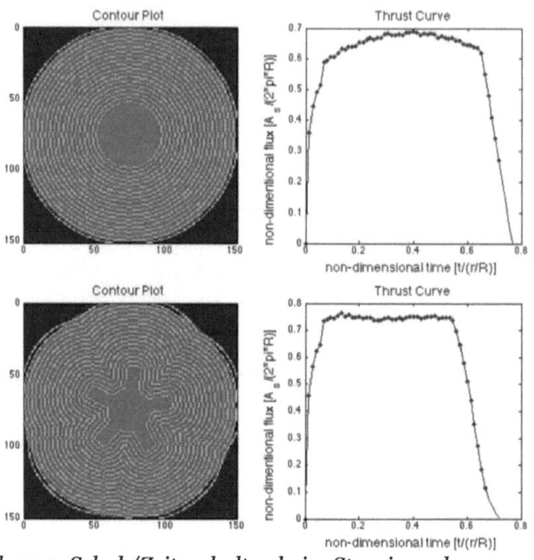

Abbildung 1: Schub/Zeitverhalten beim Sterninnenbrenner und normalen Innenbrenner

Der erste Ansatzpunkt ist der, den Treibsatz in eine passende Form zu gießen, sodass sich eine geeignete Geometrie ergibt. Der Schub eines Feststofftriebwerks ist proportional zur abbrennenden Oberfläche. Ein fester Treibsatz weist in der Mitte ein Loch auf, welches sich vom Anfang bis zum Ende des Treibsatzes erstreckt. Durch die Form der Öffnung sind Form und Größe seiner brennenden Oberfläche bestimmt, weil der Treibsatz von Innen nach Außen abbrennt. Während der Herstellung befindet sich in der Höhle ein Zapfen, der nach dem Aushärten entnommen wird.

Große Booster werden aus Segmenten hergestellt, die dann separat befüllt werden. Es ist bei großen Boostern üblich, ein Segment schrittweise zu befüllen. Bei den Boostern der Ariane 5 werden für ein Segment insgesamt zehn Chargen benötigt. So kann man die Geometrie und Zusammensetzung innerhalb eines Segments zusätzlich variieren.

Heute gibt es zwei verbreitete Geometrien für die Öffnung: den Sterninnenbrenner, bei dem die Öffnung im Treibsatz eine Sternform aufweist und den normalen Innenbrenner. Der Innenbrenner hat eine kreisförmige Öffnung in der Brennkammer, der Treibstoff befindet sich in einem Kreiszylinder und schließt mit der Wand ab. Da die Höhle beim Abbrand immer größer wird, steigt der Schub laufend an. Sterninnenbrenner haben eine sternförmige Oberfläche. Je nach geometrischer Form kann der Schubverlauf sehr komplex sein. In der Regel sind Sterninnenbrenner aber Antriebe mit kurzer Brennzeit und gleichmäßigen Schub.

Die bei Feuerwerksraketen übliche Variante, ohne zentrale Öffnung, der Stirnbrenner, mit konstantem Schub wird bei Trägerraketen nicht eingesetzt. Er hat den Nachteil, dass die Brennkammerwand über die ganze Brennzeit hohen Temperaturen ausgesetzt wird. Bei den Innenbrennern erreicht die Flammenfront die Gehäusewand erst zum Brennschluss.

Die zweite Möglichkeit zur Steuerung des Schubverlauf besteht, durch die Zusammensetzung des Binders die Abbrandrate zu verringern oder zu beschleunigen.

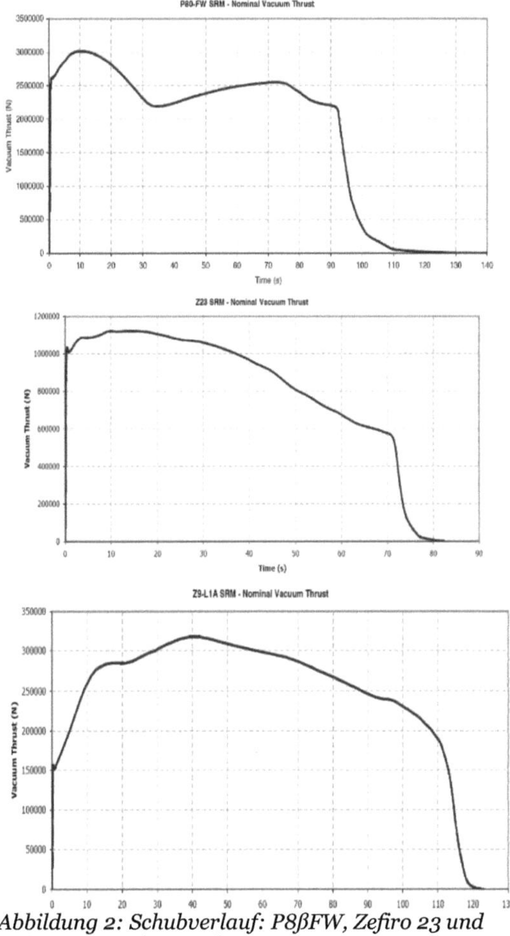

Abbildung 2: Schubverlauf: P8βFW, Zefiro 23 und Zefiro 9 (von oben nach unten)

Werden verschiedene Mischungen schichtenweise aufgetragen, so sind mit dieser Methode komplexe Schubverläufe möglich. Die Abbrandrate beschleunigen Katalysatoren (z.B. Eisen). Theoretisch möglich ist auch der Einsatz von Inhibitoren, welche wie Flammlöschmittel den Abbrand verlangsamen. In der Praxis werden aber nur Katalysatoren eingesetzt.

Wenn die Nutzlast von der Norm stark abweicht, also besonders leicht ist, so gibt es bei Oberstufen noch die Möglichkeit Treibstoff wegzulassen: „Off-Loading". Dem sind jedoch Grenzen gesetzt. 10% Off-Loading ist bei vielen Stufen möglich, bei einigen sogar 20%. Dieses Verfahren wird nicht bei der Vega eingesetzt. Das AVUM ist bei der Vega verantwortlich, dass die Zielgeschwindigkeit erreicht wird.

Die Grafik links zeigt den Schubverlauf der drei Stufen der Vega mit unterschiedlichen Strategien. Die Erststufe soll einen möglichst hohen Startschub erreichen, um die Rakete schnell aus der Atmosphäre zu bringen. Da dadurch aber auch die aerodynamischen Kräfte maximal werden, sinkt der Schub kurz nach dem Start erst ab, um dann nach Passieren des MAX-Q also der maximalen aerodynamischen Belastung wieder langsam anzusteigen.

Die Zefiro 23 Stufe startet mit hohem Schub, der dann langsam abnimmt. Sie hat nahe der Düse eine sternförmige Höhle, die dann weiter oben in einen Zylinder übergeht. So verringert sich die Spitzenbeschleunigung. Kurz nach Zündung der Zefiro 9 Stufe wird die Nutzlastverkleidung abgetrennt. Dies mag der Grund sein, warum bei dieser der Schub zuerst langsam ansteigt. Sobald er das Maximalniveau erreicht hat, weist dieser Antrieb dieselbe Kurve wie die zweite Stufe auf.

Wie funktionieren Feststoffbooster?

Feststoffbooster bestehen aus einer stabilen Hülle, einer Düse und einem Zünder. Die Hülle muss viel massiver als die Treibstofftanks einer Stufe mit flüssigen Treibstoffen sein, da sie dem Verbrennungsdruck widerstehen muss. Sie entspricht der Brennkammer des Triebwerks bei Stufen mit flüssigen Treibstoffen. Bei den Ariane 5 Boostersegmenten besteht die Wand aus 8 mm starken Stahlzylindern. Die Wand der Vega Booster ist noch dicker, aber es wird ein leichterer Werkstoff (Kohlefaserverbundwerkstoff) verwendet.

Der Zünder ist ein kleines Feststofftriebwerk im Kopf des Boosters, das bei der Zündung eine Flamme in den Verbrennungsraum schickt und diesen entzündet. Danach baut sich innerhalb eines Bruchteils einer Sekunde der Schub auf. Die Vega erreicht schon nach 0,3 s den zum Abheben nötigen Schub. Die Oberfläche brennt dann langsam ab, wobei die Abbrandrate abhängig vom Innendruck und der Mischung ist. Da sich der Innenraum laufend vergrößert, nimmt der Druck im Laufe der Brennzeit ab und damit variieren Abbrandrate und Schub. Wenn die Flammenfront die Wand erreicht, stoppt die Verbrennung. Unterschreitet der Druck im Booster einen Minimalwert, so erlischt der Booster. Es verbleiben daher immer unverbrannte Reste in einem Triebwerk. Bei den Ariane 5 EAP sind dies rund 900 kg pro Booster. Da zum Ende hin der Schub langsam abfällt, es aber nicht die Möglichkeit einer Abschaltung zu einem bestimmten Zeitraum gibt, ist die Brenndauer eines Feststofftriebwerks eine Definitionssache. Üblicherweise wird das Unterschreiten eines bestimmten Schubniveaus als Brenndauer genommen. Je nach dessen Festlegung schwanken daher die Angaben. Da bei Feststofftriebwerken der Schub über die Betriebsdauer nicht konstant ist, ist eine andere Größe wichtiger als diese beiden Angaben. Es ist der Gesamtimpuls. Darunter versteht man die Energie, welche der Antrieb über die gesamte Brennzeit aufbringt. In den Diagrammen entspricht er der Fläche unter der Schub/Zeitkurve.

Je länger ein Booster ist, desto größer ist die Abbrandfläche und desto dünner ist die Schicht, die als Treibsatz fungiert. Ein sehr langer und schmaler Booster hat daher einen hohen Schub und eine kurze Brennzeit. Der Rekord liegt bei 145 s Brennzeit bei den Titan IVB SRM. Sie werden aber heute nicht mehr produziert.

Es gibt eine Reihe von Besonderheiten. Die Düsen können nicht aktiv gekühlt werden. Sie bestehen daher aus hochtemperaturfesten Materialien und sind meistens mit einem hochtemperaturfesten Schutz belegt, der ablativ verbrennt (z. B. Graphit). Ein Problem, das beim Entwurf berücksichtigt werden muss, ist, dass das Verbrennungsprodukt Aluminiumoxid schon bei den Temperaturen in der Brennkammer auskristallisiert. Es muss gewährleistet sein, dass es sich nicht am Düsenenghals ablagert.

Der spezifische Impuls

Der spezifische Impuls ist eine wichtige Kenngröße für einen Antrieb. Je höher er ist, desto weniger Treibstoff benötigt eine Rakete, um eine vorgegebene Geschwindigkeit zu erreichen. Er hängt vor allem von der Treibstoffkombination, aber auch der technischen Auslegung des Triebwerks ab. Als Maß genutzt wird die Ausströmgeschwindigkeit der Gase, wenn sie die Düse verlassen. Er hat die Dimension einer Geschwindigkeit [m/s] = [N×s/kg]. Wird im Imperial-Einheitensystem (USA) gerechnet, dann ergibt sich ein ungefähr zehnmal niedrigerer Wert mit der Einheit einer Zeit [s]. Wird dieser Wert mit der Erdbeschleunigung multipliziert, so resultiert der spezifische Impuls in SI-Einheiten.

Die Schubrichtung (Schubvektor) konnte lange entweder nicht verändert werden (fest angebrachte, nicht schwenkbare Düsen) oder wurde durch Injektion von flüssigem Treibstoff beeinflusst. Dabei wird z.B. Stickstofftetroxyd in den Düsenhals oder die Düse injiziert. Es erhöht den Sauerstoffanteil und führt zu einer Nachverbrennung mit einem lokal höheren Schub, welcher dann die Schubrichtung beeinflusst.

Schwenkbare Düsen sind die modernsten Konstruktionen. Die Ersten wurden bei den Shuttle SRM eingesetzt. Die Ariane 5 war die zweite Großrakete, welche diese Technologie nutzte. Die technische Herausforderung besteht darin, dass zum einen die Düse beweglich sein muss und zum anderen die Bewegung gegen den Brennkammerdruck erfolgt. Dazu werden sehr hohe Kräfte benötigt. Bei den Shuttle-SRM gab es einen Gasgenerator, der Hydrazin verbrannte, um Arbeitsgas für eine pneumatische Schwenkung zu liefern. Bei den Ariane 5-Boostern liefert eine Hydraulik die benötigte Kraft. Druckgas bewegt die Hydraulikflüssigkeit. Bei der Vega sind elektromechanische Schwenkvorrichtungen im Einsatz, die wesentlich einfacher und preiswerter als die hydraulischen oder pneumatischen Systeme sind. Ermöglicht werden sie durch leistungsfähige Batterien, die hohe Leistungen bei kurzen Betriebszeiten liefern.

Fortschritte gibt es auch bei der Fertigung von leichten Gehäusen. Durch den Innendruck von 40 – 90 Bar waren Gehäuse bei großen Stufen bisher aus Stahl gefertigt und schwer. Oberstufen wie die PAM-D oder Burner-II Oberstufe sind erheblich kleiner und wurden schon vor Jahrzehnten aus Glasfaser- oder Kohlefaserverbundwerkstoffen hergestellt. In beiden Fällen ist die Wand mit einem Thermalschutz überzogen, früher meist ein Asbestfasergeflecht. Heute werden ausgehärtete Silikat-Phenolharzmischungen oder synthetische Gummis, welche verkohlen und dann isolieren, eingesetzt.

Die Möglichkeit, sehr große Gehäuse aus Graphitfaser-Verbundwerkstoffen herzustellen (eine Technologie, die vom Flugzeugbau übernommen wurde), erlaubt heute nicht nur hervorragende Voll-/Leermassenverhältnisse zu erreichen, sondern auch den Brennkammerdruck zu steigern. In der Summe sind heute Feststoffantriebe schon fast so leistungsfähig wie Stufen mit mittelenergetischen flüssigen Treibstoffen, wie der Vergleich der letzten Stufe der Vega mit der EPS-Oberstufe der Ariane 5G zeigt:

	EPS-Oberstufe	Zefiro 9A
Startgewicht:	11.200 kg	11.485 kg
Trockengewicht:	1.200 kg	915 kg
Massenverhältnis:	9,33	12,55
Spezifischer Impuls:	3178 m/s	2903 m/s
Expansionsverhältnis:	84	72,5
Brennkammerdruck:	11 bar	67 bar

Ein Vorteil des Feststoffantriebs ist, dass er einfacher als eine Stufe mit flüssigem Treibstoff vergrößert werden kann. Das Verlängern der Tanks einer Stufe wurde bei zahlreichen Trägern angewandt (so bei Ariane 1-4, Atlas, Delta oder Titan). Aber da der Schub des Triebwerks gleich bleibt, sind dem Grenzen gesetzt. Bei den meisten Typen war dies nur möglich durch die Startunterstützung mit Boostern oder ein neues Haupttriebwerk.

Wird ein Feststoffbooster verlängert, so steigt der Schub linear an, während die Brennzeit konstant bleibt. So wurden die Titan-Booster von fünf zuerst auf fünfeinhalb und dann sieben Segmente verlängert. Anpassungen sind trotzdem an der Düse notwendig. Zudem verändert sich die Belastung der Rakete durch die induzierten Vibrationen. Dies macht in der Regel weitere Modifikationen bei den anderen Stufen notwendig. Trotzdem ist die Vorgehensweise einfacher als bei einer Stufe mit flüssigen Treibstoffen. So entstand aus dem Zefiro 16 Antrieb durch Verkürzen der Zefiro 9 Antrieb und durch Verlängern der Zefiro 23.

Abbildung 3: Entwicklungsmodell des Motorgehäuses des Z9 Antriebs. Vorne ist das Graphitfasergeflecht zu erkennen.

Ein Nachteil des festen Treibstoffs ist die ökologische Belastung. Bei der Verbrennung entsteht Salzsäure. Deren Freisetzung in der Stratosphäre kann die Ozonschicht schädigen.

Der größte Nachteil eines Feststoffboosters sind Vibrationen und wie sie übertragen werden. Bei einem Antrieb mit flüssigen Treibstoffen entstehen sie in einem Punkt: im Triebwerk. Es gibt Möglichkeiten, die Vibrationen zu dämpfen: im Schubgerüst durch dessen Konstruktion, und bei den Treibstoffleitungen durch Druckgas, das die Kavitation unterdrückt. Bei den Feststoffboostern entstehen zum Einen vor allem niederfrequente Schwingungen, welche in viel stärkerem Ausmaß Treibstoffe zum Schwappen bringen. Zum anderen ist die Amplitude, also die Intensität pro Schwingung, höher.

Der Effekt ist auch abhängig davon, wo die Schwingungen übertragen werden. Bei der Titan erfolgte dies über den Stufenadapter der ersten Stufe. Das machte eine Verstärkung der zweiten Stufe notwendig. Allerdings setzte diese Stufe Treibstoffe mit hoher Dichte ein, sodass das Zusatzgewicht verschmerzbar war. Bei Ariane 5 erfolgt die Übertragung ebenfalls im Stufenadapter, sodass die EPC kaum betroffen ist. Dagegen werden Oberstufen und Nutzlast stark durchgeschüttelt. Bei der EPS-Stufe war dies nicht problematisch: Sie verwandte wegen der Druckgasförderung dickwandige Tanks. Bei den kryogenen Oberstufen ESC-A und B mit den großvolumigen Wasserstofftanks ergibt sich jedoch ein sehr hohes Trockengewicht. Das zeigte sich auch bei den Studien des DLR-SART für Oberstufen für die Vega. Sie alle wiesen ein sehr hohes Trockengewicht auf, da der Treibstoff durch die niederfrequenten Vibrationen stark zum Schwappen neigt.

Hier liegt eine mögliche Lösung im Einsatz von CFK-Werkstoffen für das Schubgerüst und der leichtgewichtigen Aluminiumlegierung 2195 für die Tanks. Beide Maßnahmen können das Strukturgewicht wieder senken. Eine weitere Alternative ist die Innendruckstabilisierung, wie sie auch die EPC einsetzt. Aufwendiger sind spezielle Systeme zur Vibrationsdämpfung, die im Ariane 5 Stufenadapter zum Einsatz kommen und auch für die Ares I vorgesehen waren.

Der Hauptvorteil von Feststofftriebwerken ist ihr einfacher Aufbau. Die Zuverlässigkeit ist dadurch recht hoch: Bei 430 Starts der Thor und Delta mit Castor und GEM-Boostern (die meisten davon in der Konfiguration mit neun Boostern) gab es nur zwei Fehlstarts aufgrund der Booster. Ihr einfacher Aufbau lässt nur wenige Fehlerquellen zu.

Durch die kurze Betriebszeit ergibt sich ein weiterer Vorteil: Eine Feststoffrakete muss weniger Energie aufwenden, um einen Orbit zu erreichen, als eine Rakete mit flüssigen Treibstoffen. Das ergibt sich aus der Tatsache, dass die Rakete während des Starts in die Höhe steigt. Das ist zwar nötig um die Umlaufsbahn zu erreichen, die ja in mindestens 200 km Höhe liegt, aber dabei wird auch der Treibstoff mit angehoben. Diese Hubarbeit ist unnütze Ener-

Abbildung 4: Die Vega beim Zusammenbau. Im Hintergrund: Der noch von ELA-1 stammende Wasserturm.

gie, die von der Rakete aufgebracht werden muss. Je kürzer die Brenndauer ist, desto geringer ist diese Hubarbeit. Auf der anderen Seite sollte die Brenndauer nicht zu kurz sein, weil sonst die Spitzenbeschleunigung hoch ist. Bei den kurzen Brennzeiten von Feststoffantrieben kann es nötig sein, Freiflugphasen einzulegen. Bei der Vega gibt es eine kurze Freiflugphase zwischen dem Ausbrennen der Zweiten und Zündung der dritten Stufe.

Vor allem sind Feststoffantriebe preiswert: Die Vega Entwicklung kostet die ESA nur ein Zwanzigstel der Ariane 5-Entwicklungskosten. Auch bei Ariane 5 machten die Booster nur 20% der Entwicklungskosten aus. Die Produktionskosten sind ebenfalls deutlich geringer. Bei über 70% des Startgewichts der Ariane 5 machen die Booster 33% der Produktionskosten aus.

Das die Vega trotzdem so teuer geworden ist, hängt weniger von der Technologie als vielmehr mit Verzögerungen bei der Entwicklung und der kleinen Startrate ab. Würde die Vega wie Ariane 5 anstatt ein bis zweimal sechs bis siebenmal pro Jahr starten, so müsste sie für 30% geringere Kosten zu produzieren sein.

Die Vega

Abbildung 5: Die Vega

In den neunziger Jahren des letzten Jahrhunderts entwickelte sich ein neuer Markt für kleine Satelliten, mit einer Masse von 400 – 1.000 kg. Das Iridium-System bestand aus Satelliten von 725 kg Gewicht. Davon wurden aber 93 Stück in mittelhohe Umlaufbahnen gestartet. Auch zahlreiche Forschungssatelliten wurden kleiner und spezialisierter. Während die USA und Russland diese Nutzlasten mit zu Trägerraketen umgebauten ausgemusterten Interkontinentalraketen starteten, musste Europa auf ausländische Träger zurückgreifen.

Sowohl die alte Ariane 4, wie auch die neue Ariane 5 waren zu groß für diese Nutzlasten. Deshalb wurde in Italien nach einer Lösung gesucht. Die ASI (**A**genzia **S**paziale **I**taliana) wollte einen europäischen Träger im selben Segment entwickeln, wobei die Kosten überschaubar sein sollten.

Marktprognosen, die von der italienischen Weltraumagentur ASI in Auftrag gegeben wurden, gingen 1999 von 35 bis 80 Starts zwischen 2002 und 2011 aus. Dies wären bis zu acht Starts pro Jahr. Genug, um die Entwicklung einer eigenen Trägerrakete zu rechtfertigen, zumal die Vorhersagen eher als konservativ angesehen wurden. Dies führte zu einer ersten Studie für die Vega, da sich die ESA 1998 noch nicht für den ASI-Vorschlag erwärmen konnte. Drei Jahre späte wurde die Vorentwicklung genehmigt. Als die Entwicklung im Jahre 2003 beschlossen wurde, waren die der Pioniere Iridium und Globalstar in Finanznöten, weitere Systeme waren nicht gefolgt. So wandelte sich die Vega vor dem Erststart von einem Träger vorrangig für wissenschaftliche ESA-Nutzlasten. Die Begründung für die Entwicklung war nun die Sicherung des autonomen Zugangs in den Weltraum. Dies war auch dreißig Jahre vorher die Triebfeder für die Ariane 1 Entwicklung gewesen.

Da Europa seit einigen Jahren vermehrt kleine bis mittelgroße Forschungssatelliten in den erdnahen Orbit startet und es auch mehr kleine Erdbeobachtungssatelliten gibt, wird die Vega ein bis dreimal pro Jahr eingesetzt werden – nicht die erstrebte hohe Startrate, aber durchaus eine respektable bei kleinen Trägerraketen. 2016 sieht die Situation daher deutlich besser aus, als noch vor wenigen Jahren.

Der Name Vega ist eine Abkürzung der italienischen Projektbezeichnung (**V**ettore **E**uropeo di **G**enerazione **A**vanzata: europäischer Träger der fortgeschrittenen Generation). Es ist das zweite Mal, dass dieser Name aufgegriffen wird. „Vega" war auch ein „heißer" Kandidat für den offiziellen Namen der L3S (**L**anceur **3**ième **G**énération **S**ubstitution – Ersatzträgerrakete der dritten Generation). Unter diesem Akronym lief das Konzept der Ariane 1. „Vega" war es der häufigste Vorschlag, der bei der Beratung der Delegation aufkam, die am 1.8.1973 über die Verwirklichung der L3S beschloss. Sie sollte auch den poetischen Namen für die neue Trägerrakete vorschlagen. Damals gab es einen profanen Grund, warum „Vega" nicht gewählt wurde. Der für Frankreich zuständige Minister für „Industrielle Entwicklung und Wissenschaft", Jean Charbonnel, befürchtete eine Verwechslungsgefahr mit einer zu dieser Zeit in Frankreich populären Biersorte. Daher lehnte Charbonnel den Vorschlag ab.

Die Vega (deutsch: Wega) ist der zweithellste Stern auf der Nordhalbkugel und Hauptstern des Sternbilds Leier. Der Name leitet sich vom arabischen Ausdruck النسـر الواقع, *an-nasr al-wāqiʿ* ab, was „herabstoßender (Adler)" bedeutet. Die Vega ist 25,3 Lichtjahre von der Sonne entfernt und einer der sonnennächsten Sterne. Sie wurde als Referenzpunkt für die photometrische Helligkeitsskala gewählt. Eine Analogie zur Rakete ist ihr „jugendliches" Alter. Die Vega ist 386 bis 572 Millionen Jahre alt. Das ist für einen Hauptreihenstern sehr jung. So ist unsere Sonne rund 4.600 Millionen Jahre alt und befindet sich in der Mitte des Sternenlebens.

Wahrscheinlicher ist allerdings, das der Name gewählt wurde, weil er in vielen europäischen Sprachen einfach aussprechbar ist, gut klingt und bekannt ist. Wie „Ariane" ist Vega ein Mädchenname, wenn auch nicht sehr populär. Häufiger findet man Vega als Nachname, vor allem in Skandinavien.

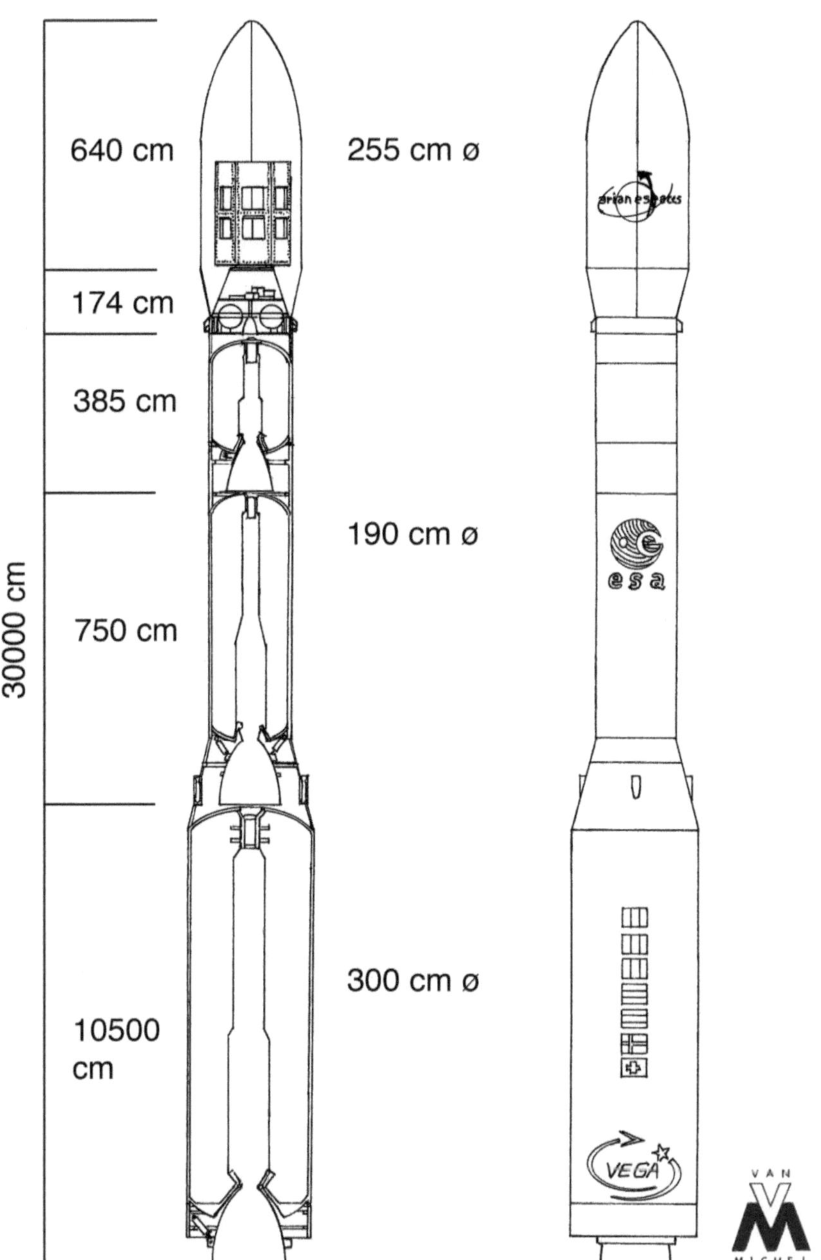

Abbildung 6: Vega im Querschnitt © der Grafik: Michel Van

Vorgeschichte

Ideen für eine kleine europäische Trägerrakete gab es schon lange. Die Ursprünge der Vega gehen auf ein nationales Projekt der italienischen Raumfahrtbehörde ASI aus dem Jahr 1990 zurück. Italien entwickelte die Feststoffbooster für die Ariane 3 und 4. 1986 schlug die Universität Rom vor, vier Ariane 4 Feststoffbooster als erste Stufe, jeweils einen als zweite und dritte Stufe, sowie den IRIS-Apogäumsantrieb als vierte Stufe zu kombinieren. Dieser Träger würde bei einer Startmasse von 75 t etwa 520 kg in eine Umlaufbahn transportieren.

Italien betrieb in den siebziger Jahren die San Marco-Startplattform für amerikanische Scout-Starts vor der Küste Kenias. Die Kombination der Ariane 4 Booster mit der Scout erschien sinnvoller als eine rein italienische Lösung. So arbeitete die ASI einige Jahre lang am Konzept, die amerikanische „Scout" mit zwei Ariane-4-Boostern als erster Stufe auszurüsten. Sie sollte von San Marco aus starten. Die ersten drei Stufen der Scout wären übernommen, ihr Durchmesser auf durchgängige 1,35 m erweitert worden.

Mit einem Mage-Antrieb hätte die, zuerst als „Scout 2", dann als „San Marco 1" bezeichnete Rakete, etwa 500 kg in eine erdnahe Umlaufbahn transportiert. Als die NASA 1992 die Scout zugunsten der Pegasus aufgab, erarbeitete die ASI das Konzept einer eigenen Trägerrakete.

Der erste Entwurf 1995 sah als erste beiden Stufen den Zefiro 16 Antrieb vor. Die dritte Stufe wäre ebenfalls fest gewesen, mit einer Treibstoffmasse von 1,7 t. Es war die für das Space Shuttle entwickelte IRIS-Oberstufe. Der Zefiro 16 Motor befand sich in der Entwicklung. Diese Trägerrakete war in den Investitionskosten überschaubar und von Italien alleine finanzierbar. Sie hatte jedoch nur eine Nutzlast von 250 – 700 kg.

Antonio Fabrizi, damals bei der ASI, später Chef der ESA-Abteilung für Trägerraketen, bahnte zu dieser Zeit erste Kontakte mit der Ukraine an. In der Folge erarbeiteten ab 1994 Fiat Avio und KB Juschnoje, der ukrainische Hersteller zahlreicher Triebwerke und Zyklon und Dnepr-Trägerrakete, das Konzept der Vega, die 1997 die Bezeichnung „Vega K" erhielt.

Zwei Vorschläge entstanden aus dieser Zusammenarbeit. Der Erste entsprach einer vierstufigen Rakete, die „Vega K0" genannt wurde. Zwei Zefiro-16 Antriebe bildeten die beiden unteren Stufen, während die beiden Oberstufen mit flüssigen Treibstoffen betrieben werden sollten. Sie sollten mit Triebwerken der RS-36M (Dnepr) Interkontinentalrakete ausgestattet werden (RD-861 in der Dritten und RD-869 in der vierten Stufe). Die Nutzlast hätte 300 kg in einen 700 km hohen, sonnensynchronen Orbit betragen.

Der zweite Vorschlag, die „Vega K", ähnelte dem heutigen Konzept: Ein verkürzter Ariane-5-Booster mit 85 t Treibstoff sollte die erste Stufe bilden. Der Zefiro 16 Antrieb die Zweite und eine von Aérospatiale zu entwickelnde dritte Stufe mit 7 t Treibstoff die Dritte. Ein ukrainisches Triebwerk sollte das AVUM antreiben. Es könnte durch ein deutsches Triebwerk ersetzt werden, wenn die Bundesrepublik sich an dem Projekt beteiligen würde. Das AVUM hätte 400 kg Treibstoff aufgenommen. Ihr Triebwerk sollte einen Schub von 1,85 kN besitzen.

Die Vega K hätte eine maximale Nutzlast von 1.600 kg aufgewiesen und 1.000 kg in den 700 km hohen Orbit befördert. Die Vega K wurde der ESA als Projekt vorgeschlagen – schließlich waren Frankreich und Deutschland an der Produktion der Ariane 5 Booster beteiligt, und Frankreich sollte die dritte Stufe bauen. Sie sollte für 420 Millionen Euro entwickelt werden. Davon sollten 70 Millionen aus der Industrie kommen, und 350 Millionen sollte die ESA tragen. Die Beteiligung Italiens würde 55% betragen: 300 Millionen für die Vega, 45 Millionen Investitionen in das Bodensegment, 30 Millionen für das ESA-Management und 15 Millionen Sicherheitspuffer.

Im Juni 1998 wurde die Vega zu einem ESA-Projekt. Es wurden aber nur Mittel für eine Vorstudie genehmigt, um für einen Ministerratsbeschluss im Mai 1999 genauere Daten verfügbar zu haben. Die dann 1999 vorgelegte Vega hatte folgende Anforderungen:

- Nutzlast 800 kg in einen sonnensynchronen Orbit von 1.200 km Höhe.

- Maximale Synergie mit der Ariane 5 Entwicklung.

- Nutzlastverkleidung von 2,00 m Durchmesser.

- Startpreis von weniger als 20 Millionen US-Dollar pro Flug.

- Erststart vor 2003.

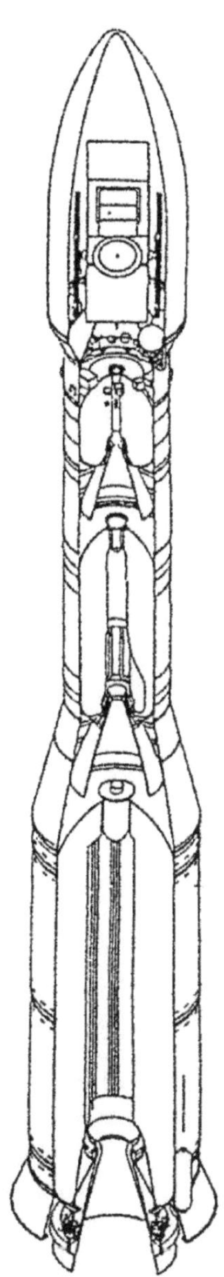

Abbildung 7: Vega Konzept 1998

Das geplante Finanzvolumen betrug 221 Millionen Euro für die Vega und 40 Millionen Euro für die P80 Entwicklung. Sie sollte also deutlich günstiger als die der „Vega K" Entwicklung sein. Die Vega hatte einen maximalen Durchmesser von 3,00 m und eine Höhe von 26,00 m.

<table>
<tr><td colspan="2" align="center">Typenblatt „Vega-K"</td></tr>
<tr><td>Nutzlast:</td><td>1.000 kg in einen 700 km hohen, sonnensynchronen Orbit</td></tr>
<tr><td colspan="2" align="center">Stufe 1: P85</td></tr>
<tr><td>Länge:</td><td>10,60 m</td></tr>
<tr><td>Durchmesser:</td><td>3,05 m</td></tr>
<tr><td>Startgewicht:</td><td>97.150 kg</td></tr>
<tr><td>Leergewicht:</td><td>12.150 kg</td></tr>
<tr><td>Schub:</td><td>1.851 kN Durchschnitt</td></tr>
<tr><td>Brenndauer:</td><td>128 s</td></tr>
<tr><td>Treibstoff:</td><td>Ammoniumperchlorat/Aluminium/HTPB</td></tr>
<tr><td>spezifischer Impuls:</td><td>2776 m/s (Vakuum)</td></tr>
<tr><td colspan="2" align="center">Stufe 2: Zefiro 16</td></tr>
<tr><td>Länge:</td><td>4,00 m</td></tr>
<tr><td>Durchmesser:</td><td>1,94 m</td></tr>
<tr><td>Startgewicht:</td><td>17.310 kg</td></tr>
<tr><td>Trockengewicht:</td><td>1.310 kg</td></tr>
<tr><td>Schub:</td><td>?</td></tr>
<tr><td>Brenndauer:</td><td>?</td></tr>
<tr><td>Treibstoff:</td><td>Ammoniumperchlorat/Aluminium/HTPB</td></tr>
<tr><td>spezifischer Impuls:</td><td>2825 m/s</td></tr>
<tr><td colspan="2" align="center">Stufe 3: P7</td></tr>
<tr><td>Länge:</td><td>3,05 m</td></tr>
<tr><td>Durchmesser:</td><td>1,94 m</td></tr>
<tr><td>Startgewicht:</td><td>8.170 kg</td></tr>
<tr><td>Leergewicht:</td><td>670 kg</td></tr>
<tr><td>Schub:</td><td>208 kN</td></tr>
<tr><td>Brenndauer:</td><td>103 s</td></tr>
<tr><td>Treibstoff:</td><td>Ammoniumperchlorat/Aluminium/HTPB</td></tr>
<tr><td>spezifischer Impuls (Vakuum)</td><td>2874 m/s</td></tr>
</table>

Es kam aber beim Ministerratstreffen im Oktober 1999 kein Konsens über die Beteiligung an der Vega zustande. Frankreich schätze die Entwicklungskosten der Vega auf 370 Millionen Euro. Nach Frankreichs Ansicht gäbe es keinen Bedarf für die Rakete. Daraufhin drohte im März 1999 Italien damit, aus dem Ariane Evolution Programm und dem Forschungsprogramm für zukünftige Träger (FLPP) auszusteigen. Italien war am Ariane Evolution Programm mit 5% und am FLPP-Programm mit 7% beteiligt. Die so eingesparten 80 und 5 Millionen Euro würde die ASI dann zur alleinigen Entwicklung der Vega nutzen. Mit diesem Druck konnte ein Vorentwicklungsprogramm mit einem Umfang von 48 Millionen Dollar bei den anderen ESA-Staaten durchgesetzt werden. Es wurde nach Möglichkeiten gesucht, die Vega finanziell attraktiver zu gestalten.

Parallel arbeitete Italien weiter an der Qualifikation des Zefiro 16 Antriebs. 1998 und 1999 fanden zwei Tests dieses Antriebs statt. Die ASI versuchte in bilateralen Gesprächen weitere Partner gewinnen. Als eine Folge mussten das Konzept geändert werden:

Die maximale Nutzlast stieg von 1.500 auf 2.500 kg, weswegen alle Stufen vergrößert wurden. Dadurch sollte das Einssatzspektrum vergrößert werden. Der Startpreis sollte hingegen beibehalten werden. Dadurch sollte die Vega preislich attraktiver werden. Anstatt des verkürzten Ariane-5-Boosters würde eine neue erste Stufe in der Technologie von faserverwobenen Verbundwerkstoffen entstehen. Sie sollte zum einen in der Fertigung preisgünstiger sein, aber auch ein geringeres Leergewicht besitzen. Vor allem Frankreich war an dieser Technologie interessiert, da sie von Bedeutung für zukünftige große Feststoffantriebe war. Dadurch gewann Italien Frankreich, und nach zwei Jahren Konsultationen wurde die Vega ein ESA-Projekt auf freiwilliger Basis. Das bedeutet, ein Land muss sich nicht daran beteiligen. Im Dezember 2000 wurde die zweite Stufe der Entwicklung beschlossen. Die Entwicklungskosten waren durch die Vergrößerung der Stufen von 221 auf 335 Millionen Euro (Wert von 1997) angestiegen. Dazu kamen weitere 123 Millionen Euro für die Entwicklung des P80 Boosters. Mit den schon aufgewandten Mitteln würde die Entwicklung 468 Millionen Euro kosten. Geblieben war der Startpreis von 18,5 – 20 Millionen Dollar (15% unter dem westlicher Konkurrenten), aber bei höherer Nutzlast.

	Vega 1998	Vega 2002
Erste Stufe:	P85	P80 FW
Zweite Stufe:	Zefiro 16	Zefiro 23
Dritte Stufe:	P7 (7 t Treibstoff)	Zefiro 9
Nutzlast:	700 kg in 1.200 km SSO, 1.500 kg maximal	1.150 kg in 1.200 km SSO, 2.500 kg maximal

Dadurch verschob sich der Termin für den Jungfernflug, der 1998 für das Jahr 2003 vorgesehen war, auf Ende 2005. Die Planungen sahen eine Beteiligung Italiens von 65%, Spanien 5% (mit der Option auf 8% zu erhöhen), Belgien 6%, der Niederlande 3% und der Schweiz von 1% vor. Frankreich wollte Bedenkzeit bis Ende 2001. Falls Frankreich einsteigen würde, dann mit 15%, sonst müsste die ASI ihr Engagement auf mindestens 77% erhöhen, um die Finanzierung zu sichern. Die ESA ging von einem Marktvolumen von 1 Milliarde Dollar aus, und die Vega sollte 10 – 15% dieses Markts erobern. Bis zu 30 bis 35 Starts sollten von 2004 bis 2013 erfolgen. Von anfänglich ein bis zwei Starts pro Jahr sollte die Startrate auf drei bis vier Missionen pro Jahr ansteigen. Deutschland als größter ESA-Finanzier ist nicht an der Entwicklung der Vega beteiligt.

Frankreich sagte schließlich zu. Am 25.2.2003 wurde die Entwicklung der endgültig beschlossen. Hauptauftragnehmer wurde die Firma ELV, die zu 70% Fiat Avio und zu 30% der italienischen Weltraumagentur ASI gehört. Sie wurde im Februar 2001 gegründet. Der Erststart der Vega war nun für Mitte 2006 vorgesehen.

Das Neudesign der Vega machte sie erheblich teurer. Verzögerungen in der Entwicklung führten zu dem „Vega-3 Slice" Programm, das 2006 beschlossen wurde und von Italien alleine finanziert wurde. Dieses hat einen Umfang von weiteren 35 Millionen Euro. Es deckt auch die zusätzlichen Kosten für die Verzögerungen bei der Entwicklung ab.

Bei der Ministerratskonferenz 2005 wurde bekannt, dass ein Start der Vega erheblich teurer wird als geplant. Die ersten fünf Missionen sollten zwar für einen Fixpreis von 14,5 Millionen Euro durchgeführt werden (25% mehr, als damals die Rockot kostete). Ab der elften Mission sollte der Preis aber bis auf 21 Millionen Euro ansteigen dürfen.

Später kam noch das VERTA-Programm dazu (**V**ega **R**esearch and **T**echnology **A**ccompaniment). (Vega Forschungs- und Technologiebegleitung). Dieses umfasst fünf Starts der Vega, um ihre Fähigkeiten in verschiedenen Missionen zu erproben. Es soll die Vega in die kommerzielle Phase überführen. Die Entwicklung endet mit dem Jungfernflug.

Die folgende Tabelle informiert über die Beteiligung der einzelnen Nationen. Sowohl Summe wie auch prozentuale Beteiligung veränderten sich während der Entwicklung. Bei Preissteigerungen ist zu beachten, dass die Angaben immer auf der Kaufkraft in einem bestimmten Jahr beruhen. So die 468 Millionen Euro, als die Vega 2003 endgültig genehmigt wurde, auf dem Wert im Jahr 2002. Rechnet man mit konservativen 2,5% Inflationsrate, so entspricht dies 600 Millionen Euro im Wert von 2012. Es gab eine Überschreitung des Kostenrahmens um 76,2 Millionen Euro. Diese Mehrkosten wurden von der ASI getragen.

Land	Planung 2000	Entwicklungsprogramm Vega 2003	Gesamtkosten 2012 (mit P80 Entwicklung)	P80 Entwicklungsprogramm	VERTA 2009	VERTA 2012
Italien	65,00%	64,7%	58,4 %	51,5%	60,6%	57,8%
Frankreich	12,43%	17,7%	25,3%	33,6%	19,4%	24,1%
Belgien	5,63%	6,0%	6,9%	12,1%	6,6%	5,6%
Spanien	5,00%	5,6%	4,6%		7,8%	7,7%
Niederlande	3,5%	2,9%	3,2%	2,0%	2,9%	2,5%
Schweiz	1,34%	1,3%	1,0%		1,7%	1,6%
Schweden	0,8%	1,2%	0,6%		1,0%	0,6%
Umfang	221 Mill. €	336,3 Mill. €	710 Mill. €	131,5 Mill. €	258 Mill. €	400 Mill. €

Wer macht was bei der Vega?

Die folgende Tabelle führt die wichtigsten an der Entwicklung der Vega beteiligten Firmen und ihre Aufgaben auf. Wie bei jedem anderen ESA-Projekt muss das Prinzip des geografischen Rückflusses gewährleistet sein. Das bedeutet, dass die Aufträge nach der finanziellen Beteiligung der Länder vergeben werden. Italienische Firmen erhalten aufgrund des hohen Anteils Italiens daher auch die Aufträge mit dem höchsten Finanzvolumen.

Die Firmennamen sind (wie alle im Buch erwähnten) die Bezeichnungen bei Auftragsvergabe. In den letzten Jahren haben sich die Namen der Firmen durch Zusammenschlüsse Umbenennungen und Ausgliederungen / Verkäufe von Firmen bei zahlreichen Raumfahrtfirmen verändert.

Firma	Ort	Aufgabe
Avio (Hauptkontraktor)	Colleferro, Italien	AVUM (Integration und Tests) 2-te / 3-te Stufe (Produktion, Integration, Tests) Erste Stufe (Integration und Tests)
S.A.B.C.A	Brüssel, Belgien	Schubvektorsteuerung alle drei Stufen Heckadapter erste Stufe
Ruag Space	Zürich, Schweiz	Nutzlastverkleidung
EADS CASA	Madrid, Spanien	Adapter 937 zum Satelliten AVUM Struktur und Adapter zur dritten Stufe
SAAB	Linköping, Schweden	Spannbänder zur Befestigung der Satelliten Bordcomputer
Europropulsion	Suresnes, Frankreich	P80 FW Antrieb
Thales, INSNEC, Galileo Avionica, CRISA S, AAB, SAFT		AVUM Avionik, Sender und Batterien
KB Juschnoje	Dnjepropetrowsk, Ukraine	RD-869 Triebwerk und Antriebssystem
Oerlikon Contraves Italia (O.C.I)	Rom, Italien	Stufenadapter zweite/dritte Stufe
Dutch Space	Leiden, Niederlande	Stufenadapter erste/zweite Stufe
Stork Product Engineering	Delft, Niederlande	Zünder Stufe 1-3
Snecma Propulsion Solid	Le Haillan, Frankreich	Düse P80FW Antrieb
Vitrociset	Rom, Italien	Bodensegment

Vega – die Rakete

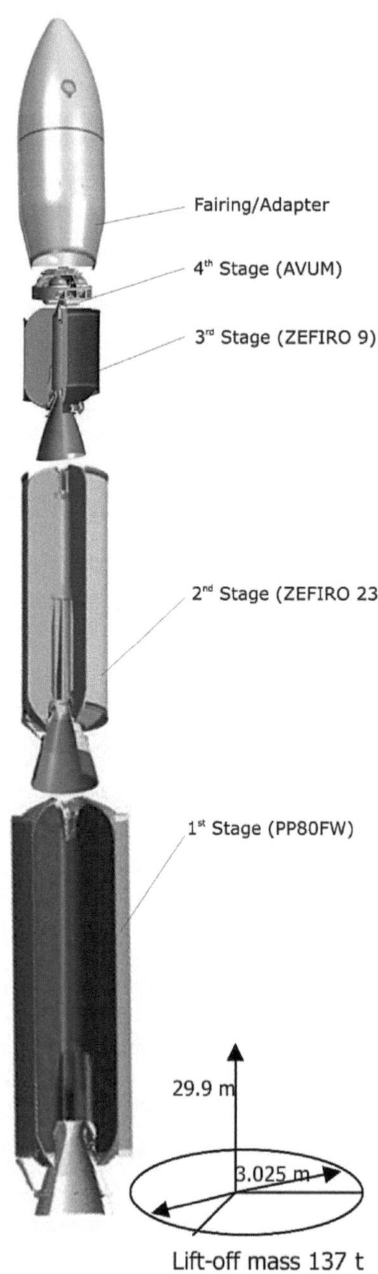

Abbildung 8: Die Stufen der Vega © der Grafik: Arianespace

Die Vega ist eine vierstufige Rakete. Die ersten drei Stufen nutzen feste Treibstoffe, um das Kosten- und Entwicklungsrisiko zu senken. Die vierte Stufe enthält die gesamte Bordelektronik. Die Treibstoffzuladung der vierten Stufe ist klein. Sie hat die Funktion, eine Bahn mit höherer Genauigkeit zu erreichen. Zudem steigert das AVUM durch die lange Betriebszeit und die Möglichkeit zur Wiederzündung die Nutzlast für hohe Umlaufbahnen.

Die Vega ist ausgelegt für Nutzlasten von minimal 300 kg (eine Spitzenbeschleunigung von 5,5 g wird mit 300 kg Nutzlast erreicht) und maximal 2.500 kg (strukturelles Limit). Die maximale Nutzlast wird erreicht, wenn die Vega von Kourou aus eine nahezu äquatoriale Bahn einschlägt. Die Bahnneigung beträgt dann 5 Grad und die Bahnhöhe 200 km. Die Referenzbahn für die Vega ist jedoch eine andere: Da die meisten Satelliten in diesem Nutzlastsegment der Erdbeobachtung dienen, wurde als Referenz eine polare, Bahn in 700 km Höhe gewählt. In diese soll die Vega 1.500 kg transportieren. Die genaue Leistung stand nach Auswertung der Flugdaten des Jungfernflugs fest. Arianespace gibt sie 2014 mit 1.430 kg an.

Die Vega ist für kleine Satelliten ausgelegt. Sie soll sowohl Mikrosatelliten (bis 300 kg), Minisatelliten (300 – 1.000 kg) wie auch Kleinsatelliten (>1.000 kg) transportieren. Das bedeutet, dass die Vega mehr als eine Nutzlast in verschiedene Bahnen transportieren kann. Die Vega ist optimiert für niedrige Bahnen und den Transport in den sonnensynchronen Orbit. Mit einer zusätzlichen Oberstufe (die bei der LISA-Pathfinder Mission eingesetzt wird) beschleunigt sie 550 kg auf Fluchtgeschwindigkeit. GTO-Bahnen oder die Orbits von Galileo Satelliten erreicht die Rakete ohne weitere Stufe nicht.

Die angestrebte Zuverlässigkeit – das bedeutet, dass ein Satellit den vorgesehenen Orbit erreicht – wurde mit 98% angesetzt. Das ist derselbe Wert wie bei der Ariane 5 ECA. Die Abweichung in der Bahnhöhe soll maximal 15 km betragen, bei der Bahnneigung sind es 0,05 Grad. Beides sind für Feststoffantriebe hohe Anforderungen.

Die erste Stufe P80 FW

Die erste Stufe besteht aus dem neu entwickelten Feststofftriebwerk P80 FW. Um die Stufe von den ersten Entwürfen mit einem Stahlgehäuse zu unterscheiden, wurde die Bezeichnung durch ein „FW" für „Filament **W**ounding" ergänzt, der Technologie, in der das Motorgehäuse entsteht. Es sind lange Graphitfasern die kreuzweise übereinander „gewebt" werden. Danach wird das Fasergeflecht mit Epoxidharz getränkt und in einem riesigen Autoklaven bei hohem Druck und Temperatur ausgehärtet. Dies kann bis zur Pyrolyse des Kunstharzes gehen. Sie ist die größte Feststoffstufe, die nur aus einem Segment besteht. Vorher hielten diesen Rekord die Booster der japanischen H-2 mit jeweils 66 t Treibstoff. Die Stufe besteht aus drei Teilen:

Abbildung 9: Motorgehäuse der ersten Stufe

- Dem Motorgehäuse, das den größten Teil der Stufe ausmacht.

- Dem Heckteil, das besonders verstärkt ist und mit dem die Vega am Starttisch fest-
gehalten wird, bis sich der Schub voll aufgebaut hat.

- Dem Stufenadapter mit sechs Retroraketen, der die ausgebrannte Stufe abtrennt
und abbremst, um eine Kollision mit dem Zefiro 23 Antrieb zu verhindern.

Die Retroraketen wurden von der Ariane 1-4 übernommen. Im Heckteil befinden sich auch
die elektromechanischen Aktoren für die Bewegung der Düse.

Es wird eine neue Formel für den Treibstoff HTPB 1912 (**H**ydroxy**t**erminiertes **Poly-
b**utadien) mit einem höheren Aluminiumanteil von 19% benutzt. (Neben 12% HTPB und
68% Ammoniumperchlorat sowie 1% Katalysatoren). Die Mischung ist energiereicher als das
bei den Ariane 5 Boostern genutzten HTPB 1814 (18% Aluminium, 14% HTPB).

Im unteren Segment an der Düse ist die Füllung sternförmig. Dieses Segment brennt schneller aus und liefert einen hohen Startschub. Oben hat der Treibsatz eine kreisförmige Öffnung. Neu entwickelt wurde der Zünder. Er befindet sich in einem Kohlefasergehäuse. Es ist

Abbildung 10: Die Düse des P80 FW Antriebs

ein 1,20 m langes Feststofftriebwerk, das innerhalb von 0,375 s genügend Druck und Hitze im Gehäuse erzeugt, um den Booster zu entzünden.

Der Brennkammerdruck ist 50% höher als in den Ariane 5-Boostern. Der Schub wird maximal nach 7 s und fällt danach zuerst ab. Nach Erreichen des Max-Q steigt er erneut an.

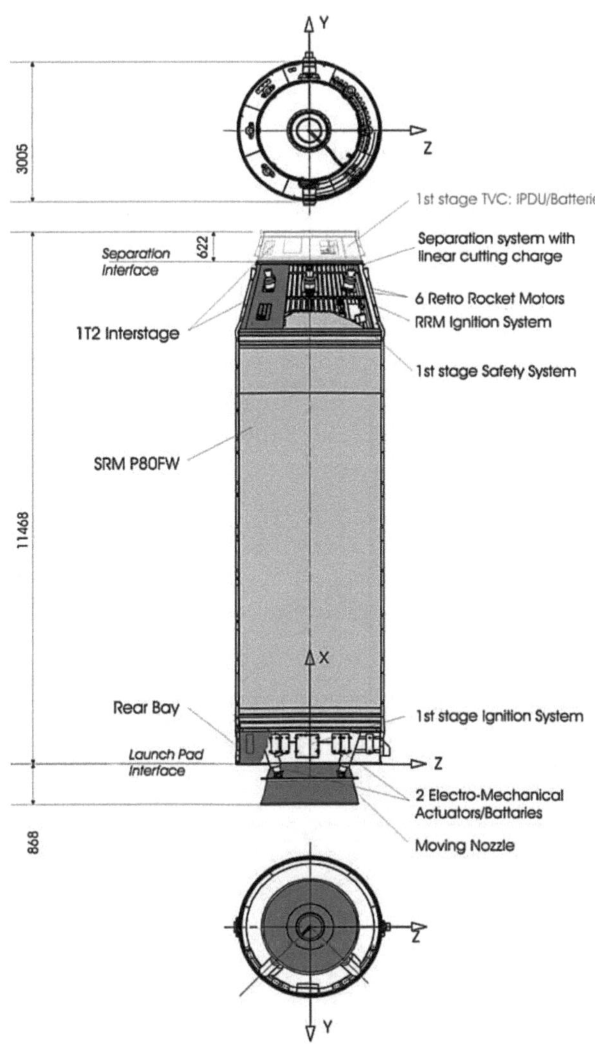

Abbildung 11: P80 FW Stufe
© der Grafik: Arianespace

Das Kohlenfaser-Verbundmaterial ist erheblich leichter als der in den EAP verwendete Edelstahl. Das Massenverhältnis der Stufe beträgt 12,8 zu 1, während es bei den Ariane 5 Boostern bei 7,2 zu 1 liegt. Das Gehäuse besteht aus verflochtenen Filamenten aus Kohlenstofffasern, verbunden mit einem Epoxidharz zu einem Kohlefaserverbundwerkstoff (CFK). An der Innenseite ist es überzogen mit einer thermischen Isolation aus EG1LDB3, einem gummiähnlichen Material niedriger Dichte, basierend auf Ethylen-Propylen-Dien-Kautschuk. Die Dicke der Isolation variiert je nach thermischer Belastung zwischen 5 und 90 mm. Diese Bauweise gilt für alle Stufen. Das Heck aller Stufen, das der Hitze des Flammenstrahls ausgesetzt ist, ist mit einem Nextel Gewebe überzogen.

Die ESA hoffte, 25 – 30% der Herstellungskosten durch die CFK-Fertigung zu sparen (verglichen mit einer Stahlkonstruktion).

Die Düse ist mit Kohlenstoff ausgekleidet, der langsam verbrennt und so als Ablativschutz die Düse vor dem Schmelzen bewahrt. Die Basis wurde aus einem Kohlenstoff-Phenolharzverbundwerkstoff gefertigt. Flexible Metallteile verstärken sie. Verglichen mit der Düse der EAP, ist die Konstruktion einfacher und billiger zu fertigen. Die Düse kann durch zwei elektromechanische Aktoren, die von Lithiumionenbatterien gespeist werden, in zwei Achsen um 6,5 Grad gedreht werden. Auch diese Konstruktion ist preiswerter und leichter als die bei der Ariane 5 eingesetzte, hydraulische Steuerung. Es sind keine Öltanks und Gashochdrucktanks nötig. Die Steuerung der Bewegung um die Nick- und Gierachse erfolgt durch eine Regelung im Zwischenstufenteil.

Der Stufenadapter und ein Adapter für die Verbindung zum Starttisch bestehen aus Aluminium. Sie sind in Längsrichtung verstärkt. Das Heck nimmt auch die sechs Batterien und die lokale Elektronik zur Schubvektorsteuerung und Zündung des Antriebs auf.

Der Stufenadapter besteht in der ersten Version noch aus einer Monocoque-Struktur von 6,3 mm Stärke, in der sechs mit Feststoff betriebene Stufentrennungstriebwerke eingelassen sind. Zukünftige Versionen sollen erheblich leichter werden, bei gleichbleibenden Produkti-

Abbildung 12: Das P80 FW Motorgehäuse

onskosten. Der Zwischenstufenadapter ist dafür ausgelegt, Lasten von bis zu 4.022 kN (410 t) aufzunehmen. Der Stufenadapter ist zweigeteilt: Der untere Teil enthält die Einrichtungen zur Selbstzerstörung und die Stufentrennungstriebwerke. Der obere Teil bleibt nach der Abtrennung der ersten Stufe mit der zweiten Stufe verbunden. Er enthält die Batterien und Elektronik für das TVC (**T**hrust **V**ector **C**ontrol **S**ystem – Steuersystem für die Schubrichtung) der ersten Stufe und die elektromechanischen Aktoren und Batterien des TVC der zweiten Stufe. Zudem ist dort die Elektronik für die Zündung der zweiten Stufe untergebracht. Durch den zweiteiligen Stufenadapter gibt es unterschiedliche Angaben über die Länge der ersten Stufe. Je nachdem ob man sie ohne Stufenadapter, mit dem unteren Teil oder dem ganzen Stufenadapter zählt.

Besonders hohe Anforderungen werden an die Batterien zur Schubvektorsteuerung der ersten Stufe gestellt, die Spitzenleistungen von 50 kW erbringen müssen, obwohl die durchschnittliche Leistung weniger als 600 W beträgt. Dies zeigt die folgende Tabelle. Verwendet werden Zellen des Typs Vl8P für die Schubvektorsteuerung (hohe Leistung über kurze Zeit) und MPS176065 für die Elektronik.

Die wichtigsten Hersteller der ersten Stufe (in alphabetischer Reihenfolge)		
Firma	**Land**	**Beteiligung**
APP	Niederlande	Zünder
Avio	Italien	Stufenintegration und Tests,
Europropulsion	Frankreich/Italien	Motorgehäuse
Regulus	Frankreich	Befüllung
S.A.B.C.A	Belgien	Schubvektorsteuerung
SPS	Frankreich	Düse

Elektrisches System der Vega				
	P80 FW	**Zefiro 23**	**Zefiro 9**	**AVUM**
Maximalleistung:	51 kW	15 kW	5 kW	0,6 kW
Spannung:	270/400 V	135/200 V	45/60 V	63/63 V
Benötigte Kapazität:	560 Wh	150 Wh	30 Wh	260 Wh
Betriebsdauer:	120 s	275 s	395 s	5.000 s
Temperatur:	20/50 °C	10/60 °C	10/60 °C	10/50 °C
Vibrationen:	<20 g	<20 g	<20 g	<20 g

P80 FW	
Höhe:	11,714 m, 12,50 m mit Stufenadapter, 10,50 m nur Motorgehäuse mit Düse
Stufenadapter:	1,70 m Länge, 3,00 m Basis und 1,90 m Kopfdurchmesser
Durchmesser:	3,003 m
Startgewicht:	95.916 kg
Leergewicht:	7.408 kg, 7.030 kg (ohne Treibstoffreste und Retroraketen)
Treibstoffgewicht:	88.365 kg, davon 87.732 kg nutzbar
Nur Motorgehäuse:	3.350 kg, 8,63 m Länge
Schub:	2.100 kN Durchschnitt, 2.296 kN Startschub 2.500 / 3.012 kN maximal (Meereshöhe/Vakuum)
Brennzeit:	114,3 s
Treibstoff:	HTPB 1912
Spezifischer Impuls:	2745 m/s
Gesamtimpuls:	240.740 kNs
Brennkammerdruck:	95 Bar
Düse	Expansionsverhältnis 16, Basisdurchmesser 0,468 m, Düsendurchmesser 1,872 m 2.249 kg Gewicht
TVC:	Schwenkbereich 6,5° / 340 mm, Geschwindigkeit: 260 mm/s, Drehmoment: 77 Nm Leistung: 50 kW, 153 kg Gewicht
Heckteil:	0,700 m Höhe, 3,035 m Durchmesser, 228 kg Gewicht
Stufenadapter:	2,138 m Länge, 538,9 kg Gewicht Durchmesser: 3,035 m → 1,952 m (unten / oben)
Unterer Teil Stufenadapter:	1,516 m Länge, 321,2 kg Gewicht Durchmesser: 3,035 m → 2.182 m (unten / oben)
Oberer Teil Stufenadapter:	0,622 m Länge, 217,2 kg Gewicht Durchmesser: 2,182 m → 1,952 m (unten / oben)

Abbildung 13: P80FW im Querschnitt

Die zweite Stufe: Zefiro 23

Die zweite Stufe Zefiro 23 (Zefiro: italienisch für „Zephyr") besteht ebenfalls aus festem Treibstoff. Basis war der im Jahre 1998/99 getestete Zefiro 16 Antrieb mit rund 16 t Treibstoff. Aus der Verlängerung des Motorgehäuses entstand die Zefiro 23 Stufe.

Die Bauweise ist identisch zur ersten Stufe mit gewundenen Filamenten aus Graphitepoxid Verbundwerkstoffen und einem Ethylen-Propylen-Dien-Kautschuk Thermalschutz an der Wand. Die Düse wird über dehnbare Verbindungen elektromechanisch geschwenkt.

Der Adapter zur dritten Stufe besteht aus Aluminium mit Längsversteifungen, um die Lasten besser zu übertragen. Er ist zylindrisch, da die zweite und dritte Stufe denselben Durchmesser haben. Er besteht aus zwei Teilen. Dem Unteren mit dem Stufentrennnungsmechanismus und der Elektronik für das Selbstzerstörungssystem und dem oberen Teil, welcher an der dritten Stufe verbleibt. Dieser enthält Elektronik, Batterien und Aktoren des TVC der dritten Stufe und die Elektronik zur Zündung der dritten Stufe.

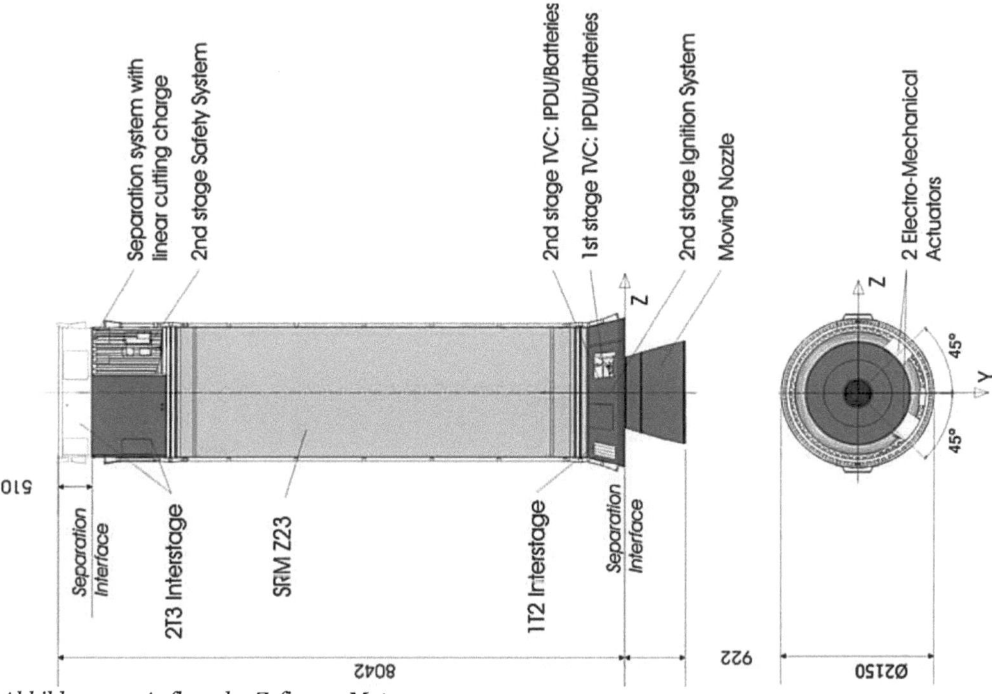

Abbildung 14: Aufbau des Zefiro 23 Motors
© des Diagramms: Arianespace

Der Schub erreicht ein Maximum nach 14 s und fällt dann bis zum Betriebsende langsam ab. Die Öffnung ist im unteren Teil sternförmig, oben zylinderförmig mit einem fließenden Übergang zwischen beiden Geometrien. Die Betriebszeit ist wie bei den anderen Stufen, dadurch definiert, dass der Brennkammerdruck auf 1,5 Bar abgefallen ist.

Anders als bei der ersten Stufe gibt es keine Retroraketen, da der Zefiro 9 Antrieb nach dem Brennschluss des Zefiro 23 nicht sofort zündet. Die Verbindung zwischen beiden Stufen wird pyrotechnisch durchtrennt, und acht vorgespannte Federn drücken dann die beiden Stufen auseinander. Der Zefiro 23 Antrieb wird beim Hersteller Fiat Avio vollständig integriert, inklusive der Füllung mit Treibstoff. Eingesetzt wird wie bei der ersten Stufe die Treibstoffmischung HTPB 1912.

Industriebeteiligung an der zweiten und dritten Stufe (in alphabetischer Reihenfolge)		
Firma	**Land**	**Beteiligung**
APP	Niederlande	Zünder
Avio	Italien	Stufenproduktion, Integration und Tests
Dutch Space	Niederlande	Stufenadapter zur ersten Stufe
Rheinmetall Italia	Italien	Stufenadapter zur dritten Stufe
S.A.B.C.A	Belgien	Schubvektorsteuerung

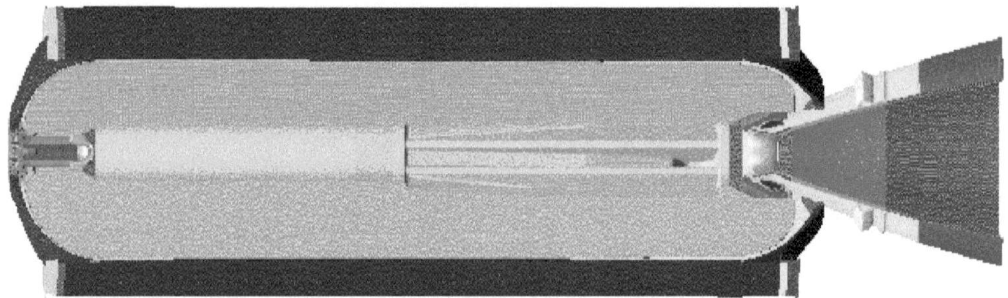

Abbildung 15: Querschnitt durch die Zefiro 23 Stufe

Zefiro 23	
Höhe:	7,50 m, 8,451 m mit Stufenadapter
Durchmesser:	1,91 m
Startgewicht:	25.787 kg, 26.563 kg mit Stufenadapter
Leergewicht:	1.963 kg
Trockengewicht:	1.887 kg (ohne Treibstoffreste)
Treibstoffgewicht:	23.906 kg, davon 23.820 kg nutzbar
Motorgehäuse:	900 kg
Schub:	900 kN Durchschnitt, 1120,5 kN maximal
Brennzeit:	86,5 s
Treibstoff:	HTPB 1912
Spez. Impuls:	2824 m/s
Gesamtimpuls:	67.126 kNs
Brennkammerdruck	95 bar
Düse:	Flächenverhältnis 27 Basisdurchmesser 0,294 m, Düsenmündungsdurchmesser: 1,470 m 571,8 kg Gewicht
TVC:	Schwenkbereich 7° / 221 mm Geschwindigkeit: 208 mm/s, Drehmoment: 12 Nm Leistung: 14 kW, 78 kg Gewicht
Stufenadapter:	1.610 m Länge 1.952 m Durchmesser: 267,3 kg Gewicht
Oberer Teil des Stufenadapters:	0,51 m Länge 81 kg Gewicht
Unterer Teil des Stufenadapters:	1,12 m Länge 185,7 kg Gewicht

Die dritte Stufe: Zefiro 9

Auch die dritte Stufe Zefiro 9 ist aus dem Zefiro 16 abgeleitet. Sie verwendet weniger Treibstoff. Dazu wurde die Stufe verkürzt und der Düsenhals verengt. Sie wird daher von denselben Firmen wie die Zweite gefertigt und hat auch den gleichen Durchmesser von 1,90 m.

Bei der Entwicklung gab es Probleme mit der Düse. Beim zweiten Test wurde sie beschädigt. Die dadurch nötige Revision des Antriebs wurde genutzt, um 570 kg mehr Treibstoff zuzuladen, was die Startmasse von 10,9 auf 11,5 t erhöhte. Um diese Änderung deutlich zu machen, wurde der Name von Zefiro 9 auf Zefiro 9A geändert. Die erhöhte Treibstoffzuladung soll die Nutzlast der Vega um 60 kg erhöhen.

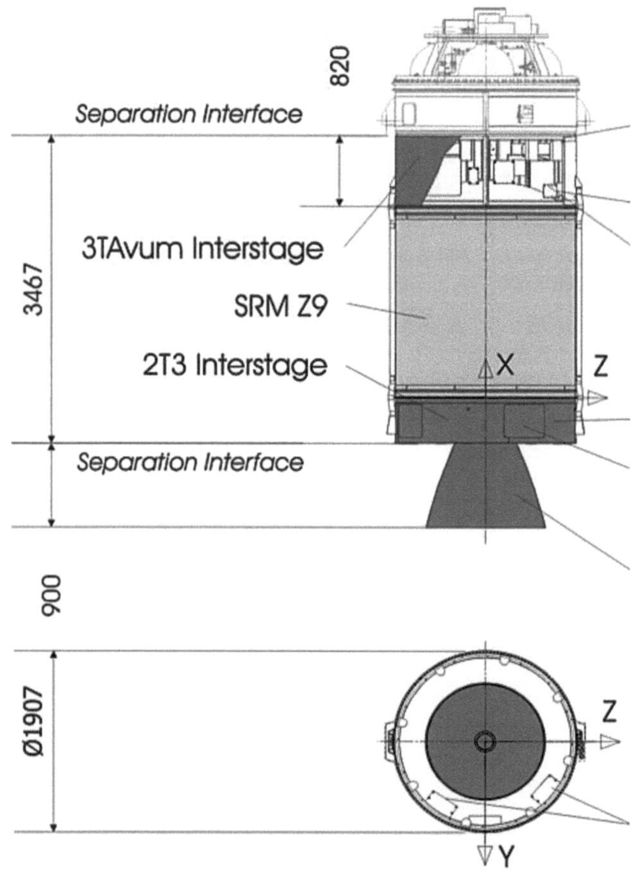

Abbildung 16: Der Zefiro 9 Motor
© des Diagramms: Arianespace

Das erforderliche Neudesign der Düse ermöglichte ein höheres Entspannungsverhältnis. Der dadurch erreichte spezifische Impuls ist derzeit der höchste eines sich im Einsatz befindlichen Feststoffantriebs. Die Düse besteht aus einem Kohlefaserverbundmaterial.
Sie wird durch ein elektromechanisches Schubvektorkontrollsystem gedreht.

Der Zefiro 9A Antrieb weist von allen Feststoffstufen der Vega die längste Brennzeit und den kleinsten Strukturfaktor auf. Während des Betriebs des Zefiro 9A Antriebs tritt auch die höchste Beschleunigung während des Starts auf. Verantwortlich dafür ist, dass Zefiro 9 und Nutzlast bei der Zündung noch 14 t wiegen, bei Brennschluss aber nur noch 2,3 bis 4,5 t je nach Gewicht des Satelliten

Abbildung 17: Der Zefiro 9A Antrieb im Teststand

Nach Brennschluss wird die Verbindung zum AVUM pyrotechnisch durchtrennt. Acht vorge-spannte Federn drücken die beiden Stufen auseinander. Im Zwischenstufenadapter zum AVUM befindet sich das Selbstzerstörungssystem für die dritte Stufe und das Mastersystem für die Auslösung der Selbstzerstörung der unteren Stufen. Weiterhin befinden sich hier zwei Telemetrieempfänger. Dazu kommen je zwei Radar-Verfolgungssender. Sie senden bei einer Frequenz von 5.400 – 5.900 MHz mit 400 Watt Sendeleistung. Die Empfänger für das Selbstzerstörungskommando empfangen bei 440 – 460 MHz das Signal und leiten es an das Mastersystem weiter. Wie der Zefiro 23 Antrieb wird die Zefiro 9A-Stufe von Fiat Avio vollständig integriert und schon mit dem Treibstoff HTPB 1912 befüllt nach Kourou verschifft.

Abbildung 18: Querschnitt durch den Zefiro 9A

	Zefiro 9A	Zefiro 9 (Planung)
Höhe:	4,10 m	3,78 m
Durchmesser:	1,91 m	1,91 m
Startgewicht:	11.485 kg	10.948 kg
Leergewicht:	915 kg	833 kg
Treibstoffgewicht:	10.570,3 kg	10.115 kg
Trockengewicht:	808 kg (ohne Treibstoffreste)	725 kg
Nur Motorgehäuse:	300 kg	315 kg
Schub:	260 kN Durchschnitt 317 kN maximal	255 kN Durchschnitt 280 kN maximal
Brennzeit:	126,8 s	117 s
Treibstoff:	HTPB 1912	HTPB 1912
Spez. Impuls:	2903 m/s	2884 m/s
Gesamtimpuls:	30.672 kNs	
Entspannungsverhältnis:	72,5	56
Brennkammerdruck:	67	67
Düse:	0,164 m minimaler Durchmesser 1,227 m maximaler Durchmesser	0,164 m minimaler Durchmesser 227,7 kg
TVC:	Schwenkbereich 6° / 124 mm Geschwindigkeit: 93 mm/s Drehmoment: 7,04 Nm Leistung: 2,05 kW 58 kg Gewicht	Schwenkbereich 6°
Stufenadapter:	288,5 kg	248,7 kg
Unterer Teil des Stufenadapters:	0,820 m Länge 130,9 kg Gewicht	
Oberer Teil des Stufenadapters:	0,456 kg Länge 157,6 kg Gewicht	

Das AVUM (Altitude and Vernier Upper Module)

Das AVUM besteht aus zwei Elementen: dem oberen Teil mit der gesamten Bordelektronik (AAM: **A**VUM **A**vionics **M**odule) und dem unteren Antriebsteil (APM: **A**VUM **P**ropulsion **M**odule). Das AVUM ist eine leichtgewichtige Konstruktion aus kohlenfaserverstärktem Kunststoff. In der Struktur sind vier Treibstofftanks aus Aluminium und das zentrale Trieb- werk eingelassen. Isoliert ist es mit mehreren Schichten aluminisiertem Kaptongewebe, das eine Überhitzung der Druckgastanks verhindern soll.

Das AAM beherbergt die Telemetrie, Navigationseinrichtungen, Computer und Batterien. An ihm ist der Satellitenadapter fest verschraubt. Die Vega stellt nur eine einzige Größe, den Standardadapter 937 zur Verfügung.

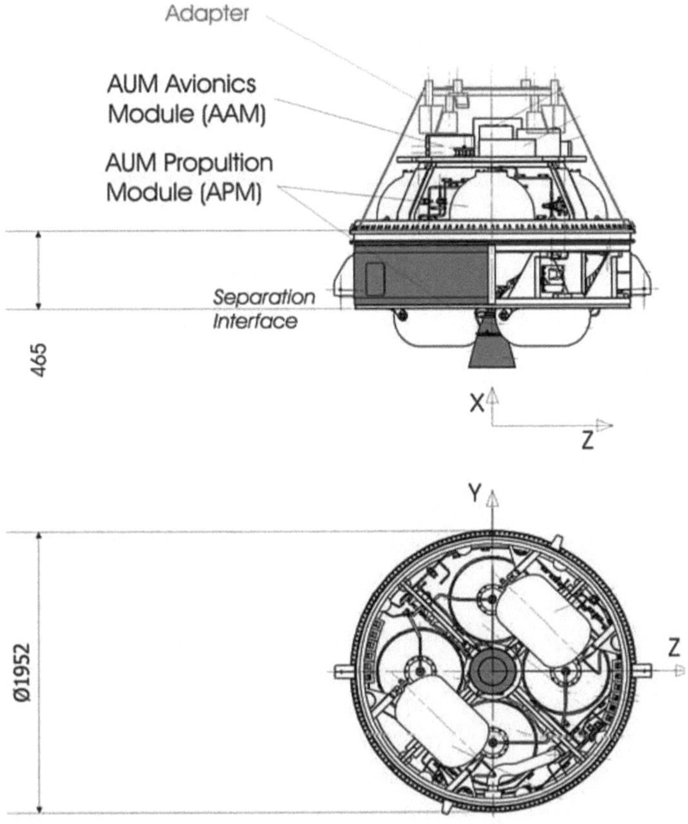

Abbildung 19: Querschnitt durch zwei Achsen beim AVUM
© des Diagramms: Arianespace

Die Elektronik zerfällt wie- derum in drei Subsysteme: GNC: **G**uidance, **N**avigati- on and **C**ontrol, steuert die Rakete und bestimmt ihren Kurs. SAS, das **Sa**feguard **S**ubsystem, überwacht die Rakete. Bei gravierenden Abweichungen von den Sollwerten löst es die Selbstzerstörung aus. Dies kann auch durch ein Bo- denkommando geschehen. TMC, das Telemetry Sub- system misst mit Sensoren Betriebsparameter und überträgt diese über Sen- der zur Missionskontrolle.

Das TMC sendet die Mess- daten der Rakete auf 120 analogen und 160 digitalen Kanälen zum Boden. Tele- metrie wird bei 2.200 – 2.290 MHz mit 8 Watt Sendeleistung übermittelt. Mit Ausnahme des

Sicherheitssystems ist die Avionik nicht redundant. ELV hat im wesentlichen Systeme verwendet, die schon bei der Ariane 5 eingesetzt werden, so wurde das Inertialsystem direkt von der Ariane 5 übernommen.

Neu ist der Bordcomputer (OBC: **On**Board-**C**omputer), der Technologien aus Satellitenprojekten der ESA übernimmt. Mit einer Geschwindigkeit von 13 MIPS (2,6 MFLOPS) ist er etwa zehnmal schneller als der bisherige Ariane-5-Bordcomputer. Er verfügt über viermal so viel Speicher (4 MByte). Trotzdem wiegt er nur die Hälfte, und sein Volumen beträgt nur ein Viertel des Ariane-5-OBC. Der Stromverbrauch des OBC beträgt 16 – 22 W. Er wird wie der Bordrechner der Ariane von Saab (heute Bestandteil von Ruag Space) gefertigt.

Eingesetzt wird der ERC32, eine weltraumtaugliche Version des SPARC V7 32-Bit-Prozessors mit integriertem Fließkommacoprozessor und Speicherkontroller. Das Design wird seit 1998 in Satelliten der ESA eingesetzt. Es basiert auf der SPARC V7 CPU von Sun, wobei die 20-Mhz-Version, die 1990 erschien, die Ausgangsbasis für die Entwicklung war. Er ist in etwa so schnell wie ein PC aus dem Jahr 1991/92. Für Ariane 6 und Vega C wird derzeit ein Nachfolger auf Basis des LEON-Core entwickelt. Auch dies ist eine weltraumtaugliche Version der SPARC CPU. Basis ist diesmal die V8 CPU die mit 200 MHz zehnmal höher getaktet ist. Damit wird der Bordcomputer der Vega C in etwa die Leistung eines schnellen Pentium-Rechners aus dem Jahr 1997 erreichen.

Für die Lageregelung und Rollachsensteuerung gibt es ein eigenes System. Ursprünglich war ein Stickstoff-Kaltgassystem geplant. Die ESA entschloss sich aus Kostengründen zur Adaption des Ariane 5 RACS (**R**oll and **A**ttitude **C**ontrol **S**ystem). Es besteht aus sechs Triebwerken in zwei Gruppen. In beiden Gruppen ist je ein Triebwerk pro Raumachse ausgerichtet. Jede Düse hat einen Schub von 240 N. Der höhere Schub (geplant waren beim Stickstoff-Druckgassystem 50 N) erlaubt es, die Rollachsenkontrolle für die ganze Rakete und nicht nur die oberen drei Stufen durchzuführen. Zudem ist das RACS für die Dreh- und Pitchkorrekturen während des Betriebs der beiden letzten Stufen verantwortlich. Während der Freiflugphase und vor dem Abtrennen der Satelliten führt das RACS zudem die Ausrichtung der Stufe durch. Nach Missionsende senkt das RCAS mit dem Resttreibstoff die Bahn des AVUM ab. Die Triebwerke des

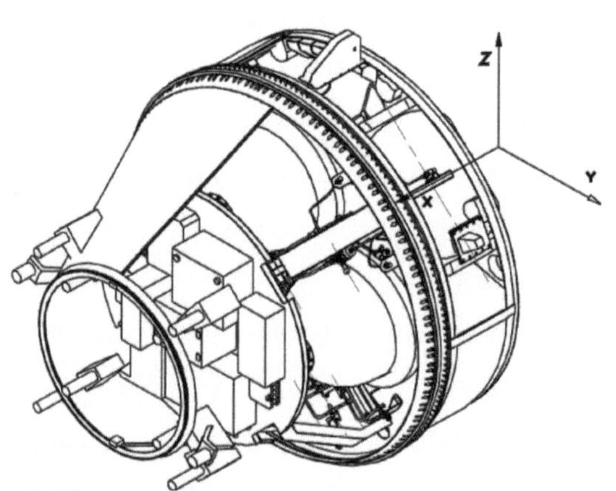

Abbildung 20: Die Systeme des AVUM
© der Grafik: Arianespace

RCAS zersetzen katalytisch Hydrazin. Sie verwenden nicht, wie das Haupttriebwerk, einen Oxydator um es zu verbrennen. Daher verwenden die Triebwerke auch Hydrazin und nicht Di- oder Monomethylhydrazin, da nur Ersteres unter Energieabgabe spontan zerfällt. Das RACS stammt von Astrium ST in Bremen. Stickstoff-Druckgas aus einem 87-l-Drucktank aus Titan mit einer Umhüllung aus CFK-Werkstoffen drückt das Hydrazin in die Triebwerke.

Das Antriebssystem wird mit den lagerfähigen flüssigen Treibstoffen NTO und UDMH (**Un**symmetrisches **Dim**ethyl**hy**drazin) angetrieben. Die Zuladung ist variabel. Oxydator und Verbrennungsträger werden in je zwei identischen Tanks untergebracht. Ursprünglich sollten zwei verschieden große Tanks verwendet werden, doch die Nutzung identischer Tanks versprach höhere Kosteneinsparungen. Die Aufteilung in vier Tanks ermöglicht es, das APM kompakter zu bauen. Für die Förderung des Treibstoffs beim Haupttriebwerk wird Helium verwendet. Vor der Zündung werden die Treibstofftanks unter 6,2 Bar Druck gesetzt. Beim Betrieb des RD-869 Triebwerks sind es 35,6 bar. Durch den hohen Tankdruck haben die Tanks dicke Wände. Dadurch tolerieren sie auch die starken Vibrationen, die durch de Feststofftriebwerke induziert werden.

Daten RD-869 Brennkammer	
Schub:	>2,12 kN
Spezifischer Impuls:	3065,6 m/s
Brennkammerdruck:	>17 bar
Düsenmündungsdruck:	0,01 bar
Mischungsverhältnis NTO/UDMH:	2
Eingangsdruck NTO:	>21,1 bar
Eingangsdruck UDMH	>21,8 bar
Maximale Betriebszeit:	1.600 s
Gewicht (nur Brennkammer und Düse)	24,8 kg

Das Triebwerk wird von KB Juschnoje in der Ukraine gefertigt. Es ist eine Variation des Triebwerks des MIRV Busses der Dnepr. Der Motor RD-869 (andere Bezeichnung RD 861G) ist druckgefördert. Das Triebwerk ist bis zu fünfmal zündbar. Bei einem Einzelsatellitenstart sind normalerweise drei Zündungen nötig. Mit fünf Zündungen können zwei unterschiedlich hohe Umlaufbahnen erreicht werden. Es ist um 9 Grad schwenkbar aufgehängt.

Bei KB Juschnoje wird das Triebwerk als RD-843 aufgeführt. Es kann in verschiedenen Modi betrieben werden. Gedacht ist das RD-843 für den Betrieb mit einer Turbopumpe. Doch ist das Triebwerk auch fähig mit reduziertem Schub (2 anstatt 5 kN) zu arbeiten. Für

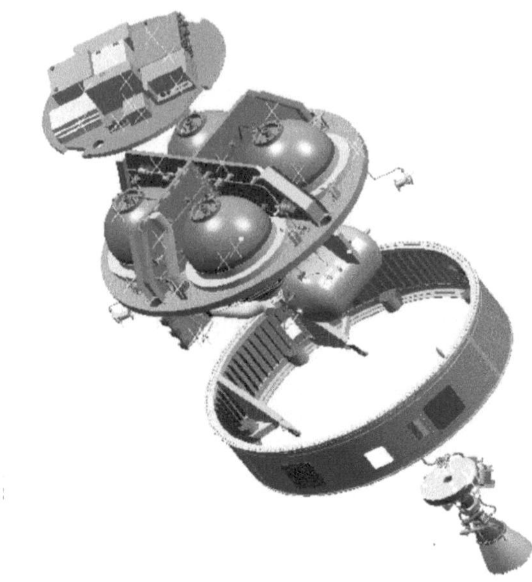

Abbildung 21: Aufbau des AVUM

die niedrigeren Brennkammerdrücke reicht eine Druckgasförderung. Die Brennkammer wird filmgekühlt, die Düse ist ungekühlt. Es gab insgesamt 140 Zündungen und 74 Tests des Triebwerks. Die Gesamtbrenndauer von vier Testtriebwerken erreichte 8201 s, das entspricht 12 vollständigen Betriebszyklen.

Durch die lange Brennzeit kann das AVUM kreisförmige Bahnen in bis zu 1.500 km Höhe erreichen. Für die Referenzmission (1.500 kg in eine 700 km hohe Umlaufbahn) wird eine Brennzeit von 317 s benötigt (250 kg Treibstoff). Die Treibstoffzuladung für Bahnmanöver liegt nominell bei 250 – 400 kg. Sie kann auf bis zu 550 kg er-

Abbildung 22: Montage des ersten AVUM Flugmodells

40

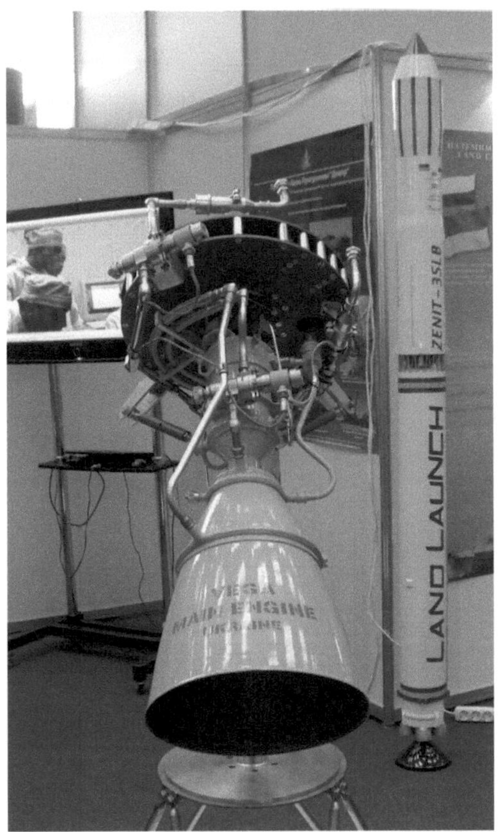

Abbildung 23: RD-869 Triebwerk

höht werden. Durch die Möglichkeit das Triebwerk bei Erreichen der Sollbahn abzuschalten und den niedrigen Schub erreicht die Vega Bahnen mit sehr hoher Genauigkeit. Sie beträgt ±15 km in der Bahnhöhe. Bei der Inklination sind es ±0,05 Grad und beim aufsteigenden Knoten ±0,1 Grad. Diese Werte sind genauer als bei manchen Trägern mit flüssigen Treibstoffen (wie die Falcon 9) und erheblich besser als bei allen reinen Feststoffraketen.

Feststofftriebwerke haben generell zwei Nachteile: Brenndauer und Schub sind festgelegt, d. h., sie sind nicht einfach abschaltbar, wenn die gewünschte Bahn erreicht wird. Die Genauigkeit des Einschusses ist daher erheblich schlechter als bei Raketen, die flüssige Treibstoffe verwenden. Der zweite Nachteil liegt in ihrer kurzen Brenndauer und dass Feststofftriebwerke nicht erneut gezündet werden können. So werden nur elliptische Umlaufbahnen erreicht, bei denen der Satellit mit seinem eigenen Antrieb die Bahn zirkularisieren muss. Vega hat durch den Antrieb im AVUM die Möglichkeit, höhere Bahnen direkt zu erreichen. Die Nutzlast nimmt so bei hohen Bahnen nicht so stark ab, wie bei anderen Trägern der Fall ist, die nicht über diese Technologie verfügen.

Das AVUM ermöglicht der Vega Missionen, die bei anderen Trägerraketen mit festem Treibstoff nicht möglich sind. So können Satelliten in unterschiedlich hohen Bahnen ausgesetzt werden. Das kann derzeit kein anderer Träger. Mehrere Satelliten pro Start sind auch kein Problem. Das AVUM wird von Avio integriert. Die Struktur stammt von EADS CASA aus Spanien. Die Batterien von SAFT (Frankreich) im AVUM geben eine Gesamtleistung von maximal 1.300 W ab. Ihre Kapazität beträgt 1.600 Wh, ausreichend für eine Mission von mindestens 5.000 s Dauer. Das entspricht eineinhalb Umläufen.

AVUM	
Höhe:	1,72 m
Max. Durchmesser:	1,91 m
Startgewicht:	1.237 kg
Leergewicht:	659 kg
Davon Antriebsmodul:	336 kg
Davon Avionikmodul:	171 kg
Davon Stufenadapter/Satellitenadapter:	152 kg
AVUM-Antriebssystem	
Triebwerk:	RD-869M (RD-861G oder RD-843 je nach Literaturquelle)
Schub:	2,42 kN
Brennzeit:	694,5 s, qualifiziert für 6672 s Gesamtbetriebszeit
Treibstoff:	NTO/UDMH
Spezifischer Impuls:	3086 m/s
Gesamtimpuls:	1.702,5 kNs
Entspannungsverhältnis:	25
Treibstoffe:	Maximal 192,5 kg UDMH in zwei Tanks zu je 142 l Maximal 385 kg NTO in zwei Tanks zu je 142 l 4,1 kg Helium (87 l-Tank, 310 Bar) 557 kg Treibstoff nutzbar, 20,5 kg Reste
Förderdruck:	35,6 bar (maximal)
Flussrate:	0,79 kg/s
Zündungen	Bis zu 5
Gewicht:	Triebwerk mit Tanks 131 kg, Tanks: 16 kg
TVC:	Schwenkbereich 6,5° / 68,8 mm Geschwindigkeit: 49 mm, Drehmoment: 0,17 Nm, Leistung: 0,43 kW 26 kg Gewicht

AVUM Lageregelungssystem	
Schub:	6 × 400 N (maximal, 240 N durchschnittlich)
Förderdruck:	26 – 8 Bar (fallend)
Treibstoff:	Hydrazin
Spezifischer Impuls:	2232 m/s
Gesamtimpuls:	71.515 Ns
Triebwerke:	CHT-400
Treibstoffe:	26 kg Stickstoff, (87-l-Tank, 31 kg Gewicht, 310 Bar Druck) 38,5 kg Hydrazin (59-l-Tank, 8,5 kg Gewicht, 26 Bar Betriebsdruck)
Flussrate:	0,107 kg/s
Brenndauer:	< 360 s

Nutzlastverkleidung

Neu in dieser Klasse von Trägern ist die große und geräumige Nutzlastverkleidung, welche der Nutzlast ein Volumen von 20 m³ zur Verfügung stellt. Verglichen mit anderen Trägerraketen ist dies viel, so ist der nutzbare Innendurchmesser um 1 m größer als beim Konkurrenzmodell Rockot.

Die Nutzlast wird mit einem Standard Payload Adapter der Ariane mit der Rakete verbunden. Der Standard Adapter 937 (mit einem Basisdurchmesser von 937 mm) besteht aus kohlefaserverstärktem Kunststoff über einer leichten Aluminiumstruktur in Honigwabenbauweise mit einer äußeren Aluminium- und einer inneren CFK-Schicht. Die Wandstärke beträgt 20 mm. Es gibt in der Nutzlastverkleidung zwei Zugangsfenster von 30 und 42 cm Durchmesser für Verbindungen zum Satelliten bis zum Start. Ein weiteres Fenster von 25 cm Größe ist transparent für Radiowellen. Die Abschwächung durch die Hülle beträgt 10 db im 2-GHz-Band. Damit kann Telemetrie vom Satelliten vor und während des Starts empfangen werden.

Ein aufgesprühter Schaum schützt die Verkleidung vor der Reibungshitze beim Passieren der Atmosphäre. Die Hülle besteht aus zwei Hälften, die durch Pyrotechnik in der Längsachse getrennt werden und dann durch Federn auseinander bewegt werden. Dies erfolgt kurz nach Zündung der Zefiro 9A Stufe. Die Nutzlastverkleidung wird wie die der Ariane 1-6 und Atlas V von der Ruag Space in der Schweiz gefertigt.

Nutzlastverkleidung	
Höhe:	7,847 m (7,18 m ab Nutzlastadapter)
Durchmesser:	2,60 m
Volumen:	20 m³
Nutzbarer Innendurchmesser:	2,38 m
Nutzbare Höhe:	6,30 m
Davon zylindrischer Teil:	3,50 m
Gewicht:	525,9 kg, 562,3 kg mit Adapter zum AVUM
Adapter zum AVUM:	36,4 kg Gewicht, 0,04 m Höhe, 1,966 m Durchmesser
Adapter für den Satelliten:	59,8 kg Gewicht, 1,935 m Basisdurchmesser, 0,945 m Kopfdurchmesser, 1,079 m Höhe

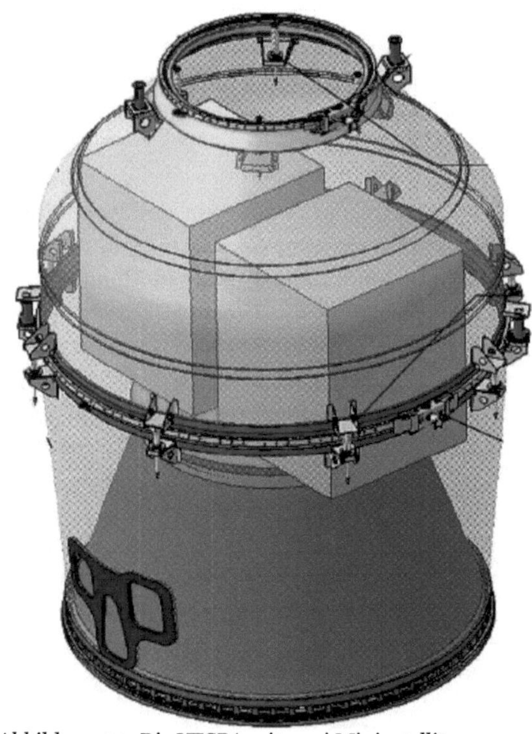

Abbildung 24: Die VESPA mit zwei Minisatelliten

VESPA

Wie die Ariane ist die Vega eine flexible Rakete. Neben einer Einzelnutzlast von 300 – 2500 kg Gewicht kann die Rakete auch zwei Satelliten übereinander im Doppelstart befördern. Jeder Satellit darf dann maximal 1.000 kg schwer sein. Alternativ ist es möglich, neben einer Hauptnutzlast von maximal 2.000 kg Gewicht bis zu drei Mikrosatelliten von bis zu je 100 kg Gewicht als Sekundärnutzlast mitzuführen.

Bei mehreren Nutzlasten kommt eine als VESPA (**Ve**ga **S**econdary **P**ayload **A**dapter) bezeichnete Struktur zum Einsatz. Sie wurde unter dem VERTA-Programm entwickelt und beim zweiten Flug zum ersten Mal eingesetzt. Sie hat eine Höhe von 2,87 m und einen maximalen Durchmesser von 2,35 m. Die VESPA ähnelt der Sylda der Ariane 5. Wie diese wird sie von der Nutzlastverkleidung umschlossen. Die Höhe von 2,87 m täuscht über den nutzbaren Raum hinweg, da die VESPA auf dem unteren Teil des AVUM sitzt. Daher macht der obere, konisch zulaufende Teil, mit der Avionik und dem Standardadapter 935 etwa die Hälfte der Höhe aus. Dieser konische Teil hat einen unteren Durchmesser von 1,015 m und einen Oberen von 0,82 m. Auf ihm befindet sich dann eine Platte, die mehrere Mikrosatelliten aufnimmt. Ein jeder darf maximal 200 kg wiegen, alle zusammen 600 kg. Sie dürfen einen Durchmesser von 1,96 m nicht überschreiten. Alternativ kann eine 600 kg schwere Einzelnutzlast in der VESPA untergebracht werden. Die VESPA hat nominell eine Höhe von 2,69 m, kann aber um 30 cm gestreckt werden, wenn dies nötig ist.

In der Mitte befindet sich ein Trennsystem, welches den oberen Teil, der mit einem Nutzlastadapter vom Typ 935 endet, abtrennt, bevor die Sekundärnutzlasten ausgesetzt werden. Die auf der VESPA sitzende Hauptnutzlast darf maximal 1.000 kg wiegen. Die Gesamtnutzlast ist beim Einsatz der VESPA auf 1.600 kg beschränkt. Die VESPA wiegt mit 250 kg relativ viel, gemessen am Platz, den sie zur Verfügung steht und der nominellen Nutzlast der Vega. Die VESPA ist wichtig, wenn man die Nutzlast der Vega steigert, denn ihr Anteil ist konstant. Steigt die Nutzlast der Vega auf 2.000 kg, so kann man mit der VESPA 1.750 anstatt 1.250 kg in den Orbit transportieren. So steigt die Nutzlast bei Doppelstarts überproportional an. Zum anderen ist es so möglich, zwei größere Satelliten zu transportieren. Bei der Vega in der ersten Version sind 1.250 kg Nutzlast aufgeteilt auf zwei Satelliten nicht viel.

Das AVUM kann nach Abtrennung der Primärnutzlast die Bahn verändern und die sekundären Nutzlasten abtrennen und auf einer anderen Bahn aussetzen. Sofern genügend Treibstoff vorhanden ist, können bis zu drei verschiedene Bahnen eingeschlagen werden. Zum Schluss wird mit dem Resttreibstoff die Bahn des AVUM abgesenkt. Die Treibstoffvorräte sind so bemessen, dass eine Zielbahn mit einer Wahrscheinlichkeit von 99,7% erreicht wird.

25. Abbildung: PROBA V auf der VESPA. Im Hintergrund die Nutzlastver-kleidung © des Fotos: ESA

Typenblatt Vega

Das folgende Typenblatt gibt die Daten, die von Arianespace im Juli 2014 publiziert wurden, wieder. Sie weichen gegenüber den Angaben in der Detailbeschreibung, die noch von der Entwicklung stammen, leicht ab. Dies ist jedoch normal. Da es jedoch nur Summendaten der Stufen sind, habe ich in den Aufstellungen die Originaldaten (die detaillierter sind) beibehalten, um nicht Angaben aus verschiedenen Quellen zu mischen.

Typenblatt Vega	
Länge: maximaler Durchmesser: Startgewicht:	29,90 m 3,00 m 137.600 kg
Einsatzzeitraum:	2012-
Starts:	8, davon kein Fehlstart
Zuverlässigkeit:	100%
Nutzlast:	2.500 kg in einen 200 km hohen äquatorialen Orbit. 2.000 kg zur ISS (400 km, 51,6° Bahnneigung) 1.967 kg in einen 200 × 1500 km elliptischen Orbit. 1.430 kg in einen 700 km hohen polaren Orbit. 1.300 kg in einen 800 km hohen sonnensynchronen Orbit 550 kg auf einen Fluchtkurs (mit Kickstufe)
Stufe 1: P80 FW	
Länge: Durchmesser: Startgewicht: Leergewicht: Schub: Brenndauer: Treibstoff: spezifischer Impuls:	11,20 m (12,18 m mit Stufenadapter 1 → 2) 3,01 m 96.243 kg 8.533 kg 3012 kN (maximal) 2261 kN (beim Start) 109,9 s Ammoniumperchlorat/Aluminium/HTPB 2745 m/s (Vakuum)
Stufe 2: Z23	
Länge: Durchmesser: Startgewicht: Trockengewicht: Triebwerk: Schub: Brenndauer: Treibstoff: Spezifischer Impuls:	7,50 m (8,39 m mit Stufenadapter 2 → 3) 1,90 m 26.300 kg 2.486 kg Zefiro 23 1.120 kN (maximal) 900 kN (Durchschnitt) 77,1 s Ammoniumperchlorat/Aluminium/HTPB 2820 m/s (Vakuum)

<table>
<tr><td colspan="2" align="center"><h2>Typenblatt Vega</h2></td></tr>
<tr><td colspan="2" align="center">Stufe 3: Z9</td></tr>
<tr><td>Länge:</td><td>3,85 m (4,12 m mit Stufenadapter 3 → AVUM)</td></tr>
<tr><td>Durchmesser:</td><td>1,90 m</td></tr>
<tr><td>Startgewicht:</td><td>12.000 kg</td></tr>
<tr><td>Leergewicht:</td><td>1.433 kg</td></tr>
<tr><td>Triebwerke:</td><td>Zefiro 9A</td></tr>
<tr><td>Schub:</td><td>317 kN (maximal) 225 kN (Durchschnitt)</td></tr>
<tr><td>Brenndauer:</td><td>119,6 s</td></tr>
<tr><td>Treibstoff:</td><td>Ammoniumperchlorat/Aluminium/HTPB</td></tr>
<tr><td>Spezifischer Impuls (Vakuum)</td><td>2902 m/s</td></tr>
<tr><td colspan="2" align="center">AVUM</td></tr>
<tr><td>Länge:</td><td>1,74 m (2,04 m mit Nutzlastadapter)</td></tr>
<tr><td>Durchmesser:</td><td>2,18 m</td></tr>
<tr><td>Gewicht:</td><td>1.069 kg (1.237 kg mit Stufenadapter)</td></tr>
<tr><td>Leergewicht:</td><td>494 kg (688 kg mit Stufenadapter)</td></tr>
<tr><td>Triebwerk:</td><td>RD-869</td></tr>
<tr><td>Schub:</td><td>2,45 kN</td></tr>
<tr><td>Brenndauer:</td><td>< 612,5 s</td></tr>
<tr><td>spez. Impuls:</td><td>3084 m/s</td></tr>
<tr><td colspan="2" align="center">Nutzlasthülle</td></tr>
<tr><td>Länge:</td><td>7,88 m</td></tr>
<tr><td>Durchmesser:</td><td>2,60 m</td></tr>
<tr><td>Volumen:</td><td>20 m³</td></tr>
<tr><td>Gewicht:</td><td>540 kg</td></tr>
<tr><td colspan="2" align="center">Doppelstartstruktur VESPA</td></tr>
<tr><td>Höhe:</td><td>2,87 m</td></tr>
<tr><td>Durchmesser:</td><td>2,38 m</td></tr>
<tr><td>Maximale Nutzlast:</td><td>600 kg</td></tr>
<tr><td>nutzbarer Innendurchmesser:</td><td>2.105 m</td></tr>
<tr><td>Gewicht:</td><td>250 kg</td></tr>
<tr><td colspan="2" align="center">Nutzlastadapter</td></tr>
<tr><td>PLA 937 VG</td><td>0,937 m Abschlussdurchmesser
1,461 m Höhe
77 kg Gewicht</td></tr>
<tr><td>PLA 1194 VG</td><td>0,937 m Abschlussdurchmesser
1,072 m Höhe
78 kg Gewicht</td></tr>
</table>

26. Abbildung: Start von IXV mit der fünften Vega

Missionsprofil

Die Startkampagne einer Vega, also die Vorbereitung auf den Start, beginnend mit dem Zusammenbau der Stufen, dauerte beim ersten Flug 49 Tage. Dies ist normal, auch die erste Ariane 5 Startkampagne dauerte länger. Sie umfasste nicht nur mehr Überprüfungen als später im operationellen Betrieb, sie diente auch der Schulung des Personals. Die Arbeiter werden mit der Rakete vertraut gemacht. Die Mannschaft übt die einzelnen Arbeitsschritte ein, die später „sitzen" müssen.

Das Referenzprofil beinhaltet zwei Freiflugphasen. Sie sind aufgrund der kurzen Brennzeit der Feststoffstufen nötig. Die oberen Stufen sollen in der gewünschten Bahnhöhe gezündet werden. Die erste Freiflugphase findet nach 174 s statt, nach Ausbrennen der zweiten Stufe und dauert 50 – 100 s (beim 700-km-Referenzorbit: 64 s). Während dieser Zeit wird die Nutzlastverkleidung abgetrennt. Diese Freiflugphase vor Zündung der dritten Stufe bewirkt, dass die Vega an Höhe gewinnt. Die zweite, längere Freiflugphase folgt nach dem Einschuss in eine elliptische Transferbahn.

Beim Jungfernflug war die erste Freiflugphase erheblich kürzer: 16 anstatt 64 s. Weiterhin wurde die Nutzlastverkleidung erst nach Zündung des Zefiro 9A Antriebs und nicht während der Freiflugphase abgetrennt.

Referenzprofil für den 700 km Referenzorbit	Zeit	Höhe	Distanz zum Startort	Geschwindigkeit
Zündung P80	0	0	0	463 m/s
P80 ausgebrannt	110 s	44 km – 51,7 km	64 km	1817 m/s
Zefiro 23 ausgebrannt	188 s	101 – 109 km	267 km	4275 m/s
Abtrennung Nutzlastverkleidung	194 s	110 km	348 km	4240 m/s
Zündung Zefiro 9	246 s	143 km	529 km	4181 m/s
Zefiro 9 ausgebrannt/Zündung AVUM	356 s	165 km	1.205 km	7802 m/s
AVUM Brennschluss 1	559 s	171 km	2.768 km	7968 m/s
AVUM 2 Zündung	3217 s	702 km	17.186 km	7354 m/s
AVUM Brennschluss 2	3398 s	706 km	15.763 km	7504 m/s

Die maximale Beschleunigung liegt bei der Vega niedriger als bei anderen Trägern mit festen Treibstoffen. Sie ist abhängig vom Gewicht der Nutzlast. Bei der minimalen Nutzlast von 300 kg Gewicht erreicht sie 5,5 g. Sie wird während des Betriebs der Zefiro 23 Stufe erreicht. Beim Betrieb des P80 Motors sind es 5,3 g und beim Betrieb des Zefiro 9 Motors maximal 5,0 G. Die Startbeschleunigung beträgt 2,0 g.

Für 1500 km äquatorialen Orbit	Zeit	Höhe	Geschwindigkeit
Zündung P80	0	0	463 m/s
P80 ausgebrannt	110 s	44 km – 51,7 km	1817 m/s
Zefiro 23 ausgebrannt	188 s	101 – 109 km	4275 m/s
Abtrennung Nutzlastverkleidung	194 s	110 km	4240 m/s
Zündung Zefiro 9	246 s	143 km	4181 m/s
Zefiro 9 ausgebrannt/Zündung AVUM	366 s	202 km	7478 m/s
AVUM Brennschluss 1	542 s	281 km	7542 m/s
AVUM 2. Zündung	2.733 s	1.483 km	6218 m/s
AVUM Brennschluss 2	3.071 s	1.500 km	6541 m/s

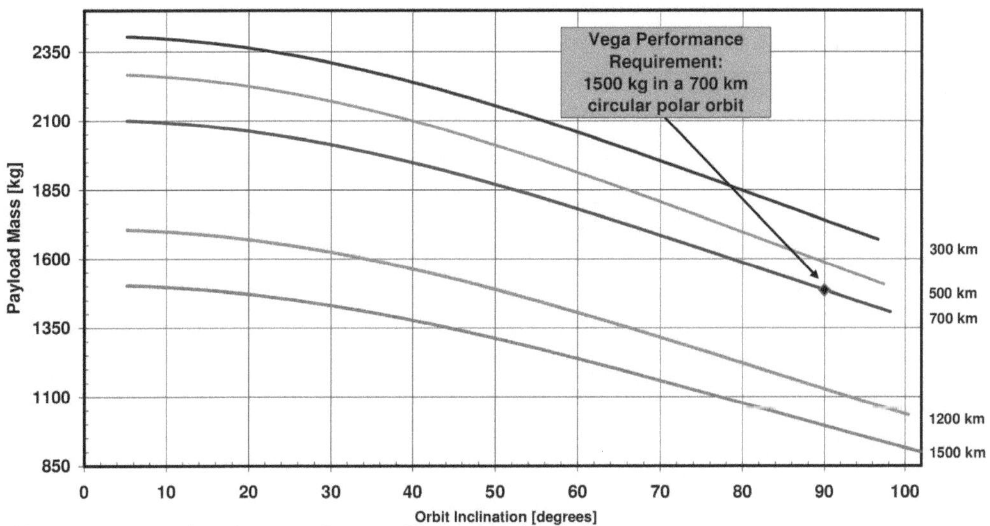

Abbildung 27: Nutzlast der Vega für verschiedene Umlaufbahnen

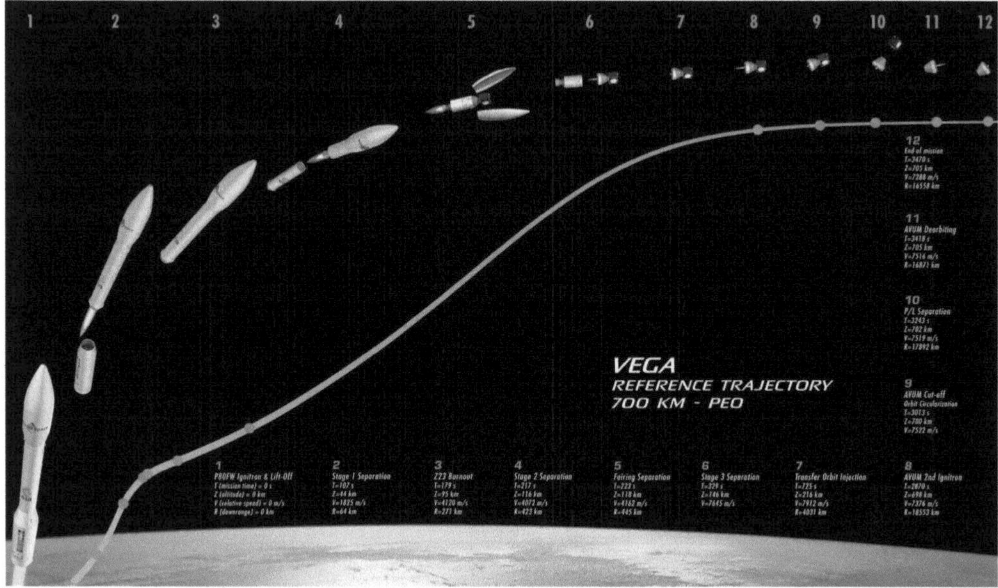

Abbildung 28: Verlauf des Starts bei der Referenzbahn der Vega

Nach Ausbrennen der dritten Stufe zündet das AVUM, bis ein elliptischer Orbit erreicht ist. Bei diesem Zwischenorbit liegt das Apogäum bei der Zielbahnhöhe. Beim ersten Durchlaufen des erdfernsten Punktes zündet das AVUM erneut, um die Bahn zu zirkularisieren. Bei mehreren Satelliten wird die Bahn nach dem Absetzen der ersten Nutzlast durch zwei weitere Manöver abgesenkt, bevor die Satelliten entlassen werden.

Für 1500 km polaren Orbit	Zeit	Höhe	Geschwindigkeit
Zündung P85	0	0	0 m/s
P80 ausgebrannt	110 s	44 km – 51,7 km	1355 m/s
Zefiro 23 ausgebrannt	188 s	101 – 109 km	3812 m/s
Abtrennung Nutzlastverkleidung	194 s	110 km	3778 m/s
Zündung Zefiro 9	246 s	139 km	3718 m/s
Zefiro 9 ausgebrannt/Zündung AVUM	365 s	157 km	7943 m/s
AVUM Brennschluss 1	647,1 s	230 km	8200 m/s
AVUM 2 Zündung	3.126 s	1.489 km	6929 m/s
AVUM Brennschluss 2	3.377 s	1.500 km	7253 m/s

Die Entwicklung der Vega

Im Juli 2001 wurde das vorläufige Design der Vega abgenommen, und es konnte an die eigentlichen Entwicklungsarbeiten gehen. Es gab nur graduelle Änderungen, so stieg die Startmasse von 132 auf 137,6 t. Die Genehmigung des geänderten Konzepts durch die ESA gab es im Juni 2003.

Schon im Mai 2004 wurde in der Fabrik für feste Treibstoffe in Kourou die Befüllung des P80 Antriebs erprobt. Die neue Mischung wurde dazu zehn Tage lang erhitzt. Nach Aushärten und Abkühlung der Mischung wurde der Kern, der die Öffnung in der Brennkammer ausfüllte, entfernt und der Guss inspiziert. Die neue HTPB 1912 Mischung härtete ohne Probleme aus.

Im Jahre 2004 und 2005 wurden Akustikmessungen der Rakete (Schall kann bei hohem Schub starke Beschädigungen verursachen) mit einem 1:20 Modell der Vega durchgeführt. Auch wurden die Zünder getestet. In der Folge verzögerte sich der Erstflug laufend:

Datum	Jungfernflug geplant für ...	Startkosten
September 1998	Dezember 2002	10 Millionen $
Dezember 2000	Januar 2005	20 Millionen $
Mitte 2002	Ende 2005	20 Millionen $
März 2003	Juni 2006	
Mai 2004	Mitte 2006	14,5 Millionen €
Juni 2005	September 2007	18,5 Millionen €
November 2005	Dezember 2007	
September 2006	Ende 2007	20 Millionen €
April 2007	September 2009	
August 2008	November 2009	
Juni 2009	Oktober 2010	22 Millionen €
Februar 2010	Ende 2010	
September 2010	Mitte 2011	
Oktober 2011	Januar/Februar 2012	
19.1.2012	9.2.2012	32 Millionen €

Abbildung 29: Test des Zefiro 23 am 26.6.2006

Die Arbeiten am Startkomplex begannen am 20.10.2004. Die Fertigstellung war für April 2007 geplant. Durch die Verzögerungen beim Zefiro 9 konnte der Zeitplan gestreckt werden. Seit Mitte 2008 ist das Bodensegment weitgehend fertig. Am CSG ist der Bunker neu ausgerüstet worden, und der mobile Startturm, bei dem auch die Vega montiert wird, wurde umgebaut. Der Starttisch ist fertiggestellt, und es fehlen nur noch die beiden Zugangsplattformen für die mittlere und obere Höhe.

Der Verbindungsmast mit seinen Leitungen für Flüssigkeiten und das Vega Kontrollzentrum (CCV) wurden neu errichtet. Ebenso wurde die erste Version der Software für die Computer fertiggestellt. Der On-Board Computer war im Oktober 2007 das erste Subsystem der Vega, das qualifiziert war. Im November 2009 erfolgten die Tests, ob das Gebäude von der Startrampe zurückgefahren werden kann. Im Frühjahr 2010 wurden alle Bodenanlagen abgenommen.

Anders als beim Vorgänger Ariane 5 wird Arianespace von Anfang an die Vega betreuen. Sie ist auch bei der Probekampagne und der Startkampagne des Jungfernflugs miteinbezogen. Ein entsprechender Vertrag wurde am 22.12.2009 unterzeichnet. Im September 2010 bestellte

Arianespace fünf Vega vom Hersteller ELV, während gleichzeitig ein Vertrag mit der ESA über das VERTA-Programm abgeschlossen wurde.

Zefiro 16/23

Die Tests des Zefiro 16 Antriebs als Vorläufer des Zefiro 23 wurden bereits im Juni 1998 und 1999 sowie im Dezember 2000 durchgeführt. Der Zefiro 23 Antrieb konnte darum als Erstes getestet werden, weil er aus dem schon erprobten Zefiro 16 Motor entwickelt werden konnte. Der erste Test einer Zefiro 23 Stufe wurde am 26.6.2006 im Testgelände des italienischen Militärs bei Salto di Quirra auf Sardinien durchgeführt. Der Motor lieferte den erwarteten Schub und arbeitete einwandfrei. Nach dem zweiten Test am 27.3.2008 galt der Antrieb als qualifiziert. Ursprünglich waren für alle Stufen die Mischung HTPB 1614 geplant, wie sie im Zefiro 16 eingesetzt wurde. Während der Entwicklung wurde auf HTPB 1912 umgestellt. An der Leistung gab es dadurch keine Veränderungen. Die zweite Stufe war im Dezember 2008 als erste Stufe qualifiziert.

Zefiro 9/9A

Der erste Test des Zefiro 9 Motors am 21.12.2006 verlief erfolgreich. Allerdings wurde dieser Test noch mit einer verkürzten Düse mit einem Entspannungsverhältnis von 16 statt 58 durchgeführt.

Am 28.3.2007 wurde beim zweiten Test der Zefiro 9 Antrieb mit der operationellen Version der Düse ausgestattet. Schon 35 s nach der Zündung gab es Abweichungen im Innendruck, wodurch die Brennzeit länger als die geplanten 105 s war. Eine Untersuchung der Stufe nach dem Test zeigte eine Schwäche im Design der Düse und Mängel in der Fertigung. Das Material der Düse, das Temperaturen bis zu 2000°C aushalten muss, musste erneut qualifiziert werden, und die Düse wurde teilweise neu konstruiert. Die meisten Änderungen wurden auch auf die analog aufgebaute Düse des Zefiro 23 übertragen. Ein Versuch zeigte, dass dieses Redesign die Mängel behob. Da dadurch die Zefiro 9 Entwicklung nicht abgeschlossen werden konnte, war es möglich, dessen Performance zu verbessern, indem man 560 kg mehr Treibstoff zulud. Aus dem Zefiro 9 wurde so der Zefiro 9A.

So wurden aber auch zwei weitere Tests des Zefiro 9A notwendig, wodurch der Starttermin verschoben wurde. Die Neuqualifikation des Antriebs hat den Jungfernflug um mindestens zwei Jahre verzögert.

Den ersten Test des Zefiro 9A Antriebs gab es am 28.10.2008. Der mit 400 Sensoren ausgerüstete Motor brannte für eine neue Rekordzeit von 120 s. Am 28.4.2009 fand der zweite Test eines Zefiro 9A statt. Der Dritte Test wurde dann schon aus dem VERTA-Programm finanziert. Schlussendlich war dies schon eine Weiterentwicklung der Z9 Stufe. Erst im November 2010 war die Stufe qualifiziert.

P80 FW

Für die Produktion des P80-Boosters errichtete Avio eine neue Produktionshalle von 7.000 m² Basisfläche und 22 m Höhe. Allein der Autoklav zum Vulkanisieren des Gummis bei 180°C und 10 Bar Druck, hat einen Durchmesser von über 3 m und eine Länge von 11 m. Die Fabrik kann 48 Segmente pro Jahr herstellen. Sie rechnete offensichtlich, damit das man später auch die Ariane 5 Segmente hier herstellt. (drei P80 haben die Länge, Durchmesser und Treibstoffzuladung der Ariane 5 Booster). Ideen für den Ersatz der Ariane 5 Booster durch P80-Segmente gab es auch, jedoch wurde das Vorhaben nie umgesetzt.

Am 14. September 2006 wurde die erste P80-Düse ausgeliefert. Der erste Test eines P80 Boosters fand am 20.11.2006 statt. Er lieferte über 111 s den nominellen Schub von 190 Ton-

Abbildung 30: Erster Test des Zefiro 9 Motors am 21.12.2006

nen. Die Auswertung der 600 Parameter, die bei der Testzündung gemessen wurden, ergab keine Auffälligkeiten. Das galt auch für die zweite Erprobung am 4.12.2007. Beide Booster wurden nach dem Test im BEAP, dem Teststand für die EAP-Booster der Ariane 5, demontiert und nach Europa zur Inspektion verschifft. In Europa ist der Test so schubkräftiger Antriebe nicht möglich und auch die Befüllung erfolgt im CSG. Der P80FW Antrieb wurde im Juni 2010 qualifiziert.

AVUM

Der ukrainische RD-869 Antrieb wurde im deutschen Testzentrum bei Lampoldshausen im Höhenteststand P4,2 getestet. Es fanden zuerst zwei komplette Qualifikationstests des Triebwerks statt. Ab Sommer 2008 begann dann der Gesamttest des AVUM in Lampoldshausen. Diese Tests wurden im April 2009 abgeschlossen. Die Testzeit des Triebwerks betrug insgesamt 6.000 s, über 100 Zündungen waren erfolgt.

2006 gab es eine Änderung in der Lageregelung. Anstatt diese durch Stickstoff-Druckgas durchzuführen, wurde beschlossen, die RACS-Triebwerke der Ariane 5 mitsamt einem Hydrazintank zu übernehmen (Ariane 5: zwei Tanks). Die zweite Änderung war, dass die ESA beschloss, das AVUM zu deorbitieren. Dafür mussten die Treibstofftanks vergrößert werden und 150 kg mehr Treibstoff für dieses Manöver aufnehmen, wodurch das AVUM aber auch deutlich schwerer wurde. Es wiegt nun 1.237 kg statt der geplanten 1.050 kg. Auch die Trockenmasse stieg von 440 auf 659 kg an. So sank aber trotz der erhöhten Treibstoffzuladung für den Zefiro 9A die Nutzlast von 1.500 auf 1.1430 kg ab.

Die Qualifikation des Bordcomputers der Vega wurde schon im Oktober 2007 abgeschlossen. Dies war möglich, da der Prozessor schon flugqualifiziert war. (Er wurde erstmals 1998 auf dem ESA-Satelliten Proba 1 eingesetzt und wird auch im europäischen Raumtransporter ATV und auf der ISS verwendet). Das AVUM war im Februar 2010 qualifiziert.

Die Struktur des AVUM und die Nutzlastverkleidung wurden im ESTEC den zu erwartenden Belastungen beim Start unterzogen (Schall, Vibrationen). Sie passierten die Tests im Oktober 2006. Die Nutzlastverkleidung war im Dezember 2007 qualifiziert, der Nutzlastadapter folgte im April 2010.

Die laufenden Verschiebungen des Erststarts führten zur Sprengung des Kostenrahmens. Ein Vega Slice-3 genanntes Programm zur Deckung der laufenden Aufwendungen wurde daher notwendig. Italien kam für die Aufwendungen alleine auf.

Der Jungfernflug wurde von Jean-Jacques Dourdain, Generaldirektor der ESA im Januar 2009 für den November / Dezember 2009 angekündigt. Bei der Verschiffung der Mockups von Stufen für die erste Vega im Juni 2009 sprach Avio aber schon von 2010. In der Folge

Abbildung 31: Transport des P80 FW zum Teststand © der Fotos: ESA

gab es weitere Verschiebungen, bis schließlich im Herbst 2011 sich Januar/Februar 2012 als Startermin herauskristallisierte. Im Februar 2011 wurde ein Mockup der Vega am Startplatz montiert. Es schlossen sich Tests der mechanischen und elektrischen Verbindungen des Mockups mit dem Startplatz an. Danach wurde das AVUM probebetankt. Diese Prüfungen endeten mit einem Probecountdown im April 2011.

Hauptursache für die Verzögerungen war die Neuentwicklung des Zefiro 9A Antriebs. Die Zefiro 9 Stufe war die erste Stufe, die getestet wurde, ein halbes Jahr vor der Z23. So sollte auch die Qualifikation vor der Zefiro 23 abgeschlossen sein, die im Dezember 2008 erfolgte. Stattdessen waren zwei neue Tests des Z9A Antriebs nötig, dem noch ein weiterer im Rahmen des VERTA Programms erfolgte. Schließlich war die Stufe im Dezember 2010 qualifiziert, als letzte Komponente der Trägerrakete. 2011 stand dann im Rahmen von Tests des Gesamtsystems, also wie die Komponenten harmonieren und ob es keine Probleme mit dem Bodensegment gibt. Die Verzögerungen machten die Entwicklung deutlich teurer als geplant. Vor dem Jungfernflug nannte die ESA folgende Zahlen:

- Die Vega/P80FW Entwicklung kostete 710 Millionen Euro.
- Dazu kommen 76,2 Millionen von der ASI für Verzögerungen / die Entwicklung der P80FW Stufe. Sie wurden von der ASI aufgebracht.
- Das VERA-Programm wird bis 2014 weitere 400 Millionen Euro kosten. Es enthält aber auch fünf vorfinanzierte Starts.

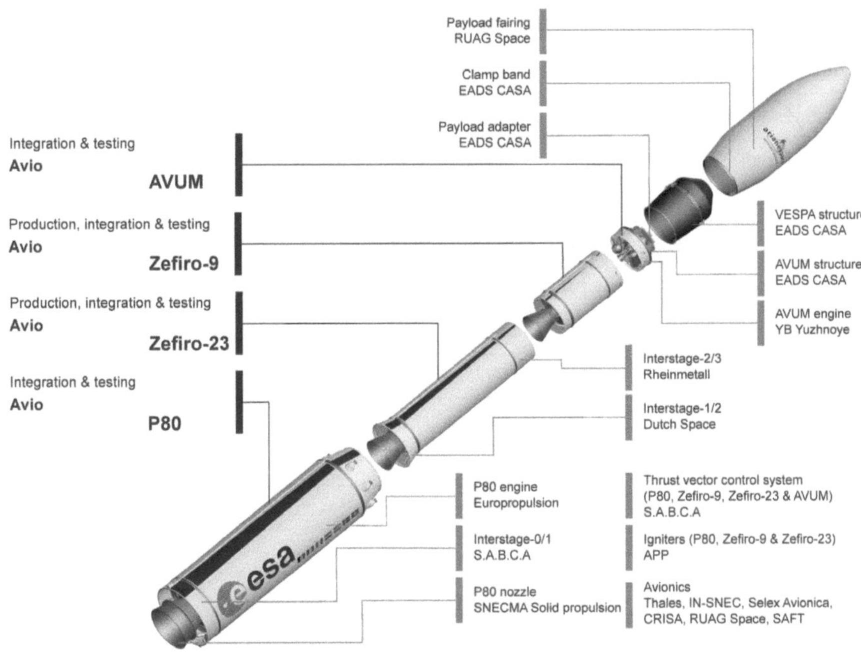

Abbildung 32: Die Stufen der Vega und ihre Hersteller

Meilensteine bei der Entwicklung der Vega	
Darum	**Ereignis**
22.6.1998	Erster Test des Zefiro-16 Antriebs.
24.6.1998	ESA-Ministerrat genehmigt Vega Programm Vorstudien.
17.6.1999	Zweiter Test des Zefiro-16 Antriebs.
15.12.2000	ESA Ministerrat genehmigt Vega und P80 Entwicklungsprogramm.
Dezember 2000	Dritter und letzter Test des Zefiro 16.
21.2.2001	ASI und Fiat Avio gründen ELV.
Juni 2002	Abschluss Phase A: Preliminary Design Review.
25.2.2003	ESA genehmigt endgültig Vega Entwicklung nun mit einer leistungsgesteigerten Version. Der Auftrag geht an ELV
20.10.2004	Arbeiten am Vega Startplatz beginnen.

Meilensteine bei der Entwicklung der Vega	
20.12.2005	Erster Bodentest des Zefiro 9 Antriebs.
23.5.2006	Abschluss Critical Design Reviews des Bodensegments
26.6.2006	Erster Bodentest des Zefiro 23 Antriebs.
30.11.2006	Erster Bodentest des P80FW Antriebs.
21.12.2006	Abschluss Phase B: Critical Design Review des Trägers
28.3.2007	Zweiter Bodentest des Zefiro 9 Antrieb scheitert und macht eine Neukonzeption nötig.
4.12.2007	Zweiter Bodentest des P80FW Antriebs.
Dezember 2007	Qualifikation der Nutzlastverkleidung
27.3.2008	Zweiter Bodentest des Zefiro 23 Antriebs.
23.10.2008	Erster Bodentest des Zefiro 9A Antriebs.
Dezember 2008	Qualifikation der Z23 Stufe.
28.4.2009	Zweiter Bodentest des Zefiro 9A Antriebs.
Februar 2010	Qualifikation des AVUM
April 2010	Qualifikation des Nutzlastadapters
25.5.2010	Bodentest des Z9A Antriebs im Rahmen des VERTA Programms
Juli 2010	Beginn der kombinierten Tests des Trägers.
November 2010	Qualifikation der Z9A Stufe.
11.2.2011	Vega Mockup auf der Startrampe errichtet.
April 2011	Simulierte Startkampagne abgeschlossen.
14.10.2011	Überprüfung des Programms ergibt, dass die Vega startklar ist.
7.11.2011	Beginn der Startkampagne für den Jungfernflug.
14.11.2011	Die ESA ordert Vega für die Starts der Satelliten Sentinel 2B+3B.
14.11.2011	Prüfung für den Start von IXV auf der Vega in Auftrag gegeben.
13.2.2012	Qualfikationsflug

33. Abbildung: Start von VV04 © des Bildes: ESA

Einsatz

Die Vega absolvierte nur einen Qualifikationsflug. Bei Ariane 1 waren es noch vier, und bei der Ariane 5 drei (ursprünglich zwei, aber da der Jungfernflug scheiterte, war ein weiterer nötig). Ursprünglich sollte der Jungfernflug zu Sonderkonditionen verkauft werden, doch nun trägt die ESA die Kosten für diesen Start. Diesem schließen sich fünf Flüge an, deren Kosten durch das VERTA-Programm gedeckt werden. Sie sollen die Fähigkeiten der Vega ausloten und in die kommerzielle Nutzung überleiten. Die ESA finanziert neben den Trägern auch Kosten um die Produktion zu optimieren, also von der Einzelfertigung in eine Serienproduktion überzuleiten. Primäre Nutzlasten dieser ersten fünf Flüge werden daher ESA Satelliten sein. Schon Ende 2008 wurden von der ESA zehn Trägerraketen in zwei Losen von je fünf Trägern bei der Industrie bestellt. Beginnend mit dem ersten VERTA-Flug, dem zweiten Start, werden die Starts durch Arianespace durchgeführt.

Der erste Testflug erfolgte mit dem LARES-Experiment (**La**ser **Re**lativity **S**atellite) der italienischen Raumfahrtagentur ASI, einem passiven Laserreflektor-Satelliten. Dies ist ein kugelförmiger Satellit aus einer Wolfram-Aluminium-Legierung. Er wiegt 400 kg bei nur 37,6 cm Durchmesser, beinhaltet keinerlei Elektronik und trägt an der Oberfläche 92 Laser Reflektoren. Durch Bestimmung der Laufzeit eines Lasersignals kann eine Bodenstation die Veränderung der Bahn durch verschiedene Einflüsse bestimmen. Da er bei gleicher Masse kleiner als sein Vorgänger Lageos 2 ist, erlaubt er 2,7-mal empfindlichere Messungen, da die atmosphärische Reibung als Störgröße geringer ist. Es ist der dritte italienische Satellit für diesen Zweck nach den beiden Satelliten Lageos 1+2, die 1976 bzw. 1992 gestartet wurden.

LARES soll den Lens-Turing-Effekt mit einer Genauigkeit von 1% messen. Dieser Effekt ist nach den bisherigen Ergebnissen der NASA-Sonde „Gravity Probe B" zu 3% genau bekannt. Allerdings wird die Vega LARES in einen vergleichsweise niedrigen Orbit (1.450 km Höhe) befördern. Ideal wäre nach Ansicht der Wissenschaftler eine wesentlich höhere Bahn von 8.000 km Höhe, um Störeinflüsse durch die Restatmosphäre auszuschließen. Ein so hoher Orbit ist von der Vega aber ohne eine weitere Oberstufe nicht erreichbar. Inwieweit sich diese erdnahe Bahn auf die Genauigkeit auswirkt, werden die Beobachtungen zeigen.

Im Juli 2008 veröffentlichte die ESA eine Ausschreibung für Nutzlasten für den zweiten Testflug VERTA-1. Dieser sollte nach den damaligen Planungen Mitte 2010 stattfinden. Der zweite Testflug sei offen für Satelliten aller Nationen. Der zweite Testflug geht in einen 500 – 800 km hohen sonnensynchronen Orbit und soll die Mehrfachstartfähigkeit der Rakete erproben. Gedacht wurde an folgende mögliche Nutzlastkombinationen:

- Zwei große Satelliten von jeweils 300 bis 500 kg Gewicht.

- Eine 300 – 500 kg schwere Nutzlast und mehrere kleinere 100 – 150 kg schwere Nutzlasten.

- Mehrere Nutzlasten im von jeweils 100 bis 150 kg Masse.

Die ESA gab zeitgleich an, dass die Vega für die folgenden Missionen vorgesehen ist, welche die ganze Palette der Fähigkeiten der Vega abdecken und damit auch evaluieren:

- ADM-Aeolus: eine 1.400 kg schwere Nutzlast in sonnensynchrone Bahn von 400 km Höhe – der Umlaufbahn, den wohl die meisten Satelliten einnehmen werden.

- SWARM: Erprobt das Aussetzen mehrerer Satelliten, in diesem Falle drei Satelliten von jeweils 500 kg Gewicht. Sie erreichen drei verschiedene Bahnen von 450 – 550 km Höhe.

- LISA Pathfinder: Gelangt in den L1-Lagrangepunkt. Sie ist mit 1.900 kg Startmasse die größte Nutzlast. Es wird die erste Mission der Vega sein, die das Erde-Mond-System verlässt. LISA Pathfinder setzt dazu einen eigenen Antrieb ein.

- Proba-3: zwei Satelliten mit einem Gewicht von 453 und 208 kg, die in Formation fliegen. Sie gelangen in einen 200 × 1.100 km hohen Orbit. Sie heben ihn dann mit dem Antriebsmodul der LISA Pathfinder Mission an und erreichen eine Bahn mit einer Erdentfernung von 800 × 160.000 km.

- ESA IXV: ein 2.000 kg schwerer Technologie Demonstrator, der Wiedereintrittstechnologien erproben soll. Das genaue Missionsprofil ist noch nicht festgelegt. Denkbar ist eine suborbitale Bahn mit einem Gipfelpunkt in 450 km Höhe. Alternativ kann ESA IXV auch auf eine orbitale Bahn gebracht werden, bei der das AVUM für den Wiedereintritt erneut zündet und den Gleiter deorbitiert.

Das VERTA-Programm war ursprünglich von 2005 – 2010 limitiert. Durch die Verschiebung des Erststarts war eine Fortsetzung von 2011 – 2013 mit einem zusätzlichen Finanzaufwand von 120 Millionen Euro notwendig geworden. Durch die Verzögerungen hat die Vega Starts verloren. So unterzeichneten am 9.4.2010 ESA und Eurockot einen Startvertrag für SWARM plus eine Option für einen weiteren Satellitenstart. Am 9.2.2013, nur vier Tage vor dem Jungfernflug, folgte ein weiterer Abschluss für den Start der Sentinel 2A und 3A Satelliten, ebenfalls auf der Rockot. Die Schwestersatelliten Sentinel 2B und 3B wird die Vega starten, doch Sentinel 2A/3A sollten schon 2013 in den Orbit gelangen. Sentinel 2A gelangte dann mit der Vega trotzdem 8 Monate vor dem Start von Sentinel 3A auf der Rockot in den Orbit. (Der erste Satellit erhält immer das „A").

Yves Le Gall, damaliger CEO von Arianespace, äußerte sich 2010 daher in einem Interview relativ reserviert über die Vega. Er sah ihre Chancen nur im regierungsnahen Markt, sprich als Träger für europäische Forschungssatelliten.

Die Planungen von ELV gehen bis 2015 von durchschnittlich zwei Starts pro Jahr aus. Nach VERTA folgen zwei Sentinel Erderkundungssatelliten:

- Sentinel 2B (2017): ein 1.100 kg schwerer Erdbeobachtungssatellit der ESA, welcher die Landoberfläche mit einem Multispektralscanner abtasten soll. Er wird in einen sonnensynchronen, 786 km hohen Orbit platziert werden.

- Sentinel 3B (2017): das Gegenstück zu Sentinel 2 zur Beobachtung der Meere. Aufgabe ist die globale Messung von Temperaturen sowie Höhenmessungen mit niedriger Auflösung mittels Altimeter und Radiometern. Jeder Satellit wiegt 1.300 kg und wird in einen 814 km hohen sonnensynchronen Orbit befördert.

Über die Starts von Sentinel 2B/3B wurde im Dezember 2011 ein Vertrag abgeschlossen. Dabei wurde auch der Start mit der Rockot erwogen. Hier konnte sich die Vega durchsetzen. Bei den Schwesterexemplaren war dies aufgrund des früheren Startzeitpunktes nicht möglich. Folgende Satelliten sind weitere Kandidaten für einen Vega-Start:

- Prisma: Ein Erdbeobachtungssatellit mit einem Hyperspektralsensor und einer mittelauflösenden Kamera der italienischen Raumfahrtagentur ASI.

- Miosat: Ein weiterer Erderkundungssatellit der ASI. Ziel ist es, mit einem Experimentalsatelliten zu erproben, inwieweit Mikrosatelliten als Erderkundungssatelliten eingesetzt werden können.

Die Vega ist als Standardträger für kleine Forschungssatelliten der ESA vorgesehen. In den letzten Jahren startete die ESA durchschnittlich einen Satelliten dieser Klasse pro Jahr auf einer Rockot/Dnepr. Dazu könnten weitere Nutzlasten der ASI kommen, die jedoch in der Vergangenheit nur wenige Satelliten startete. Deutschland wird wegen der Beteiligung von Astrium Bremen an Eurockot auch in Zukunft nicht auf die Vega zurückgreifen. Die USA und Russland verfügen über eigene Träger. So waren die Marktaussichten beim Jungfernflug nicht besonders gut.

ELV gab vor dem Start die Startkosten der Vega mit 32 Millionen Euro an. Für 25 Millionen kann ELV den Träger fertigen, 7 Millionen kosten die Startservices. Dies soll 20% über den Preisen russischer Träger sein, die in den letzten Jahren inflationsbedingt stark gestiegen sind. Auch wenn die Vega damit doppelt so teuer ist wie geplant, so ist sie noch deutlich preiswerter als die US-Konkurrenz wie die Minotaur IV (50 Millionen Dollar, 70% der Nutzlast einer Vega, Taurus XL: 70 Millionen Dollar, 50% der Nutzlast einer Vega). Der Jungfernflug war wegen des Prototypcharakters noch teurer. Er kostete 40 Millionen Euro.

Dass die Vega teuer als russische Träger ist, ist nicht verwunderlich. Auch die Proton und Zenit unterbieten die Ariane 5 preislich. Dies ist auf den enormen Unterschied in der Entlohnung zurückzuführen: Wie nach dem Fehlstart der Raumsonde Phobos-Grunt 2011 bekannt wurde, beträgt das Einstiegsgehalt bei NPO-Lawotschkin für einen Ingenieur 340 Euro. Selbst ein Handyverkäufer in Moskau verdient das Doppelte und ein Arbeiter in Europa mehr als das zehnfache. Die russischen Träger können daher kein Vergleichsmaßstab sein, zumal keiner der Träger in der Vega Klasse neu produziert wird, sondern es ausgemusterte Interkontinentalraketen sind.

Vor allem häuften sich bei der Rockot in den letzten Jahren die Verzögerungen. Es gab zudem Fehlstarts und auch die Startpreise stiegen an. Dies liegt zum einen an der hohen Inflation in Russland und dem sinkenden Wechselkurs des Rubels zum Dollar. Zum anderen handelt es sich um ausgemusterte Interkontinentalraketen, die nun am Ende ihrer Lagerungszeit angekommen sind. Dass man diese nicht überstrapazieren sollte, zeigen auch die Versager der NK-33 Triebwerke, die Orbital in ihrer Antares einsetzte – sowohl auf dem Teststand wie auch im Flug.

Nach dem Jungfernflug bekam Arianespace zahlreiche Aufträge, weitaus mehr als man rechnen konnte bei Drucklegung stand das Backlog bei vierzehn Starts, davon neun aus Nicht-ESA Mitgliedstaaten. Das erlaubt eine Verbilligung der Produktion. Bei drei bis vier Starts pro Jahr würden die Produktionskosten bei Avio von 25 auf 22 Millionen Euro sinken, ELV erwartet eine ähnliche Reduktion bei Arianespace, sodass die Startkosten um rund 10-15% auf 27 bis 29 Mill. € sinken. Alleine 2015 wurden drei Launchkontrakte abgeschlossen.

Die neuen Kunden sind vor allem Drittländer, die mit der Vega Erdbeobachtungssatelliten starten, so KazEOSat-1 für Kasachstan, PeruSat-1 für Peru und Göktürk-1A für die Türkei. Von den ersten 16 Starts sind VV02 (Proba-V), VV04 (IXV), VV06 (LISA-Pathfinder) und VV11 (ADM-Aeolus) Starts im Rahmen des VERTA Programms. Ihr Start kostet die ESA also keinen Euro.

Die Mehrfachstartkapazität in verschiedene Orbits entpuppt sich nun als Vorteile, da zahlreiche Mehrfachstarts vorgesehen sind. Zudem geht der Trend zu kleineren Satelliten die dann zu mehreren Stück gestartet werden.

34. Abbildung: Start von VV08: Göktürk-1 © des Fotos: Arianespace

Der Jungfernflug

Der erste Start der Vega sollte neben der Hauptnutzlast auch acht Sekundärnutzlasten befördern. Für die Vega hat man als Abkürzung für die Starts sich das Präfix „VV" ausgedacht.
Das erste V steht für Vol, das französische Wort für „Flug" und das Zweite für Vega. Die
Starts werden dann durchnummeriert. So hat der erste Start das Akronym „VV01". Die So-
jus-Starts beginnend entsprechend mit VS. Die Ariane 5 Starts begannen anfangs mit „L" für
das englische „Launch". Arianespace stellte dann auf „V" für Vol. um und seit dem 201-sten
Start beginnen Ariane 5 Starts mit „VA", sodass das System wieder stimmig ist.

Der erste Start wird von einer Startkampagne begleitet, die rund drei Monate dauert. Das ist
sehr lange, doch dies ist bei den Jungfernflügen so üblich und auch die erste Ariane 5 Startkampagne dauerte erheblich länger als die folgenden. Diese Kampagne ist auch durch Weih-
nachten/Neujahr deutlich länger, weil dann alle Arbeiten ruhten. Tatsächlich sind es nur 49
Arbeitstage. Der Startzeitpunkt hängt von anderen Starts ab, so war für den 9.3.2012 der
Start des dritten ATV fest gebucht. Verschiebt sich der Jungfernflug, so wird die Kampagne
abgebrochen. Eine Woche vor dem Jungfernflug verschob die ESA den Start vom 9.2. auf
den 13.2.2012. Damit rutschte er an das Ende des Startfensters. Wegen der Umkonfiguration
der Bodenstationen für die Bahnverfolgung des ATV musste der Jungfernflug vor dem
15.2.2012 stattfinden.

Die Nutzlast, ein passiver Satellit, der Laserreflektoren trägt, muss nicht zu einem bestimmten Zeitpunkt gestartet werden. Später wird er nur von Laserstrahlen angepeilt werden, deren Signallaufzeit bestimmt wird. Daher konnte man den Start auf einen Zeitpunkt legen, bei
dem optimale Bedingungen für die visuelle Beobachtung herrschen. Das Startfenster begann
um 7:00 lokaler Zeit (11:00 Mitteleuropäischer Zeit). Es dauerte zwei Stunden. Das gewähr-
leistete, dass die Rakete sich bis zum ersten Brennschluss des AVUM auf der Tagseite befindet. Da eine Videokamera an Bord ist, gelingen so gute Aufnahmen.

Zeitpunkt	Ereignis (Planung)
13-14.10.2011	Abschluss der Entwicklung. Vega erhält den Status „flugbereit".
24.10.2011	Vega Stufen und Lares kommen im Hafen von Kourou an.
7.11.2011	Startkampagne beginnt. P80FW Stufe wird zum Launchpad transportiert.
2.12.2011	Montage der Zefiro 23 Stufe.
7.12.2012	Erneute Überprüfung gibt das Okay für endgültige Startfreigabe.
9.12.2012	Montage der Zefiro 9 Stufe.

Zeitpunkt	Ereignis (Planung)
16.12.2012	Anbringung des AVUM auf die Vega.
13.1.2012	Letzte Überprüfung der Vega.
24.1.2012	Transport der in die Nutzlasthülle eingeschlossenen Nutzlast zur Vega.
2.2.2012	Probecountdown.
3-6.2.2012	Befüllen des AVUM.
12.2.2012	Vega ist startbereit und wird nun in der Startposition fixiert.
13.2.2012	Start.

Beim Jungfernflug sollte auch die VESPA eingesetzt werden. Es kam jedoch nicht dazu. Neben der Hauptnutzlast LARES werden als Sekundärnutzlasten folgende Mikrosatelliten befördert: MaSat, e-st@r, Goliat. UniCubeSat GG, PW-Sat 1, ROBUSTA, Xatcobeo. Alle Sekundärnutzlasten sind Cubesats, d. h. standardisierte Satelliten in der Form eines 10 cm breiten Würfels mit einer Startmasse von rund 1 kg. Sie werden kostenlos transportiert. Sie befinden sich auf der Unterstützungsstruktur, welche Lares mit dem AVUM verbindet. Nachdem Lares abgetrennt wurde, können die Cubesats abgesetzt werden. Sie gelangen in einen Erdorbit mit einem Perigäum in 350 km Höhe und einem Apogäum von 1.451 km Höhe. Sie werden auf einen Ring um den recht kleinen LARES herum montiert. LARES hat nur einen Durchmesser von 36,6 cm. Dadurch gibt es genügend Platz für die Sekundärnutzlasten rund um LARES herum.

Zusätzlich zu den kleinen Cuebsats gibt es noch eine etwas größere Sekundärnutzlast. Das ist der Satellit ALMASat-1: ALma MAter SATellite. Der Satellit ist ebenfalls ein Kubus. Nur ist er mit 30 cm Kantenlänge ist er dreimal größer als die Cubesats. Er ist mit einem Gewicht von 12,5 kg auch schwerer. Er wurde von der Universität von Bologna entwickelt und soll Technologien erproben. Sie sollen später in einem operationellen Satelliten (ALMASAT-EO) für die Erdbeobachtung eingesetzt werden. Zusammen mit Kameras und Strukturen wiegt die Nutzlast bei diesem ersten Testflug 700 kg. Sie liegt deutlich unter dem, was die Vega in diesen Orbit transportieren könnte (1.200 kg). Trotzdem wird das AVUM voll befüllt sein (die vorgesehene Brenndauer beträgt 678 s, was der maximalen Brenndauer entspricht). Der Treibstoff wird genützt, um die Bahn des AVUM nach dem Absetzen von Lares abzusenken und so die Bildung von Weltraummüll zu verringern. Die Cubesats und das AVUM sollen nach spätestens vier Jahren wieder in die Atmosphäre eintreten.

Der Countdown einer Vega unterscheidet sich nicht sehr von dem der Ariane. Auch hier gibt es einen Punkt, die „synchronized Sequence", ab der die gesamte Überprüfung automatisch geht. Diese Bezeichnung ist recht alt, sie stammt noch von der Ariane 1. Damals bekamen alle beim Start Beteiligten (wozu auch Radarstationen, Wetterstationen und andere externe Stellen gehören) vom Missionszentrum eine gemeinsame Zeitbasis, wurden also „synchronisiert". Auch wenn dies heute nicht mehr nötig ist, weil es Funk- und Atomuhren gibt, hat sich der Begriff gehalten. Sobald die „synchronized Sequence" beginnt, übernehmen Computer die letzten Checks. Sie überprüfen alle Systeme, starten nach und nach die OnBoardsysteme und übergeben schließlich die Kontrolle an den Bordrechner. Wenn eine beim Start beteiligte Station ein Problem meldet, (das können auch Satellitenbetreiber oder die Wetterfrösche sein) wird der Countdown abgebrochen. Man verbleibt auf der 3:30 Minuten Marke, bis das Problem gelöst ist. Eine Wiederaufnahme beim Abbruchzeitraum ist nicht möglich, da zum Einen bestimmte Systeme nicht längere Zeit in Bereitschaft bleiben können (so bekommt z. B. der Bordcomputer kurz vor dem Start die Zielkoordinaten im dreidimensionalen Raum übermittelt und diese ändern sich durch die Rotation der Erde laufend). Zum anderen müssen andere Systeme erst wieder in einen Ausgangszustand gebracht werden, bevor sie erneut gestartet werden können. Jedoch hat von allen europäischen Trägern die Vega die kürzeste „synchronized Sequence". Mit dreieinhalb Minuten ist sie nur halb so lange wie bei der Ariane 5 (sieben Minuten) und auch kürzer als bei der Ariane 1 (sechs Minuten).

Eine weitere Besonderheit der Vega ist, dass die Abtrennung der Nutzlastverkleidung relativ spät erfolgt. Bei dieser Mission erst in 138 km Höhe. Bei der Ariane 5 ist dies schon in 105 bis 110 km Höhe der Fall, je nach Aufstiegsbahn. Es festgelegt, dass diese erst nach der Zündung der Zefiro 9A Stufe abgeworfen wird, und daraus ergibt sich der späte Zeitpunkt.

Beim Jungfernflug ist die Nutzlast so leicht, das schon die dritte Stufe einen niedrigen Erdorbit erreicht. Sie verglühte durch ihr niedriges Perigäum aber schon beim ersten Umlauf wieder. Das AVUM weitet mit zwei Zündungen den niedrigen Erdorbit zu einer Ellipse aus, und zirkularisiert diesen. Nun wurde Lares abgetrennt. Danach dreht die AVUM sich und senkt mit einer dritten Zündung die Bahn wieder ab, sodass das Perigäum in niedriger Bahnhöhe liegt. Hier werden die Sekundärnutzlasten abgesetzt. Danach werden Resttreibstoff und Druckgas aus den Tanks entlassen und die Mission war beendet.

Der Jungfernflug verlief völlig problemlos. Das ist keine Selbstverständlichkeit: Jeder an europäischer Raumfahrt interessierte, denkt sofort an die fehlgeschlagenen ersten Starts der Ariane 5 G und Ariane 5 ECA. Auch andere Trägerraketen, die in den letzten Jahren ihr Debüt hatten, scheiterten. So die südkoranische KSLV, die nordkoreanische Unha, die iranische Safir, die brasilianische VLS und die amerikanische Falcon 1. Ihr größeres Modell, die Falcon 9 erreicht beim ersten Start einen zu exzentrischen Orbit und taumelte um ihre Längsachse.

Zeit	Ereignis	Höhe [km]	Geschwin-digkeit [m/s]
–03:30 min	Alle Systeme startbereit. Beginn der synchronized Sequence.	n/a	n/a
+00:00 min	Zündung P80.	n/a	n/a
+00:00,3 min	Abheben.	n/a	n/a
+00:30,7 min	Mach 1 erreicht	4,7	332 m/s
+00:53 min	Maximale aerodynamische Belastung	13 km	586 m/s
+01:54,8 min	P80 Brennschluss und Trennung.	60.6	1720
+01:55,6 min	Zündung Zefiro-23.	61.2	1716
+03:22,3 min	Zefiro-23 Brennschluss und Trennung.	127.6	3869
+03:38,5 min	Zündung Zefiro-9.	135.9	3848
+03:43,5 min	Abtrennung Nutzlastverkleidung.	138.2	3903
+05:47,1 min	Zefiro-9 Brennschluss und Trennung.	182.2	7760
+05:54 min	Erste Zündung AVUM.	185.2	7756
+08:45 min	Abschalten AVUM Übergangsorbit erreicht (260 × 1451 km).	260.6	7874
+48:07,3 min	Zweite Zündung AVUM.	1447.7	6622
+52:10,5 min	Abschalten AVUM: kreisförmiger Orbit in 1451 km Höhe, 70 Grad Inklination erreicht.	1450.1	6956
+55:05,5 min	Abtrennung LARES.	1450	6956
+66:10,5 min	Dritte Zündung AVUM.	1457.8	6946
+70:34,3 min	Abschalten AVUM, 300 × 1451 km Orbit erreicht.	1458.1	6657
+70:35,3 min	Abtrennung ALMASat-1 und CubeSats	1458.1	6657
+81:00,3 min	Mission beendet	1344.4	6765

Die Vega hingegen startete auf die Minute pünktlich um 11:00. Neunzig Minuten später konnte die ESA die Mission als vollen Erfolg feiern. Der einzige Wermutstropfen war eine dichte Wolkendecke. Damit gab es nur von den ersten Sekunden gute Fotos, bis die Vega in den Wolken verschwand. Auch die geplante Bahn wurde nach ersten Untersuchungen mit hoher Präzision erreicht. Nach den Vermessungen von NORAD umkreist Lares die Erde auf einer im Mittel 1451,1 km hohen Umlaufbahn. Das Perigäum liegt bei 1443,1 km und das Apogäum bei 1459,1 km. Die Inklination beträgt 69,483 Grad. Die Cubesats wurden auf 321 × 1445 km hohen Bahnen mit derselben Inklination entlassen. Die Bahnen wurden also mit sehr hoher Genauigkeit erreicht.

Die folgenden Starts

Die Auswertung des ersten Starts ergab nur eine Auffälligkeit, das war ein Ausfall der Telemetrie bei Betrieb der dritten Stufe. Die Ursache war, dass der Flammenstrahl des Zefiro-9 Antriebs in der Sichtlinie zwischen Antenne und Bodenstation lag. Die Nutzung einer anderen Empfangsstation oder das Rollen der Stufe könnte das Problem lösen.

Beim zweiten Start sollte die Fähigkeit Satelliten in verschiedene Bahnen auszusetzen erprobt werden. Hauptnutzlast war der ESA Technologiesatellit PROBA-V, Sekundärnutzlasten VNREDSat-1 und ESTCube-1. PROBA-V (Project for On-Board Autonomy and Vegetation) gelangte in einen 820 km hohen Orbit. Danach zündete das AVUM erneut für 60 s, senkte die Bahn ab und erniedrigte die Inklination. Dann setzte das AVUM den ersten vietnamesischen Satelliten CNREDSAT-1 und den Cubesat ESTCube-1 in einem 150 km tieferen Orbit ab. Bei diesem Start wurde auch erstmals die VESPA getestet, in der die beiden Sekundärnutzlasten untergebracht waren. Die Nutzlast betrug 655 kg, davon entfielen aber nur 255 kg auf die Satelliten (PROBA-V: 138,2 kg, VNREDSat 115,5 kg und ESTCube 1,33 kg. Der Rest entfiel auf die Adaptoren und die VESPA. Erstmals wurde mit einer vierten Zündung das AVUM gezielt über Norwegen deorbitiert. Gegenüber dem ersten Start war die Missionsdauer durch die Absetzung von zwei Nutzlasten in einem zweiten Orbit doppelt so lang, wie beim Jungfernflug.

Der dritte Start von KazEOSAT-1 (DZZ-HR) war der erste kommerzielle Einsatz. Es war auch der erste Start einer Einzelnutzlast. Mit 918 kg Gewicht (davon 830 kg für

Abbildung 35: Auf dem Weg in den ersten Orbit

den ersten kasachischen Erderkundungssatelliten) war es die bisher schwerste Nutzlast. Laut Arianespace hatte die Vega zu diesem Zeitpunkt zehn Startaufträge, was der Hälfte des zugänglichen Markts entspricht. Zehn weitere Träger wurden inzwischen von Arianespace bestellt. Insgesamt soll die Vega bis Ende 2018 sechszehnmal starten.

Bisher wurden die Orbits mit der versprochenen Präzision erreicht, wie folgende Aufstellung zeigt. Insgesamt liegen meist die erdnächsten Punkte einen Tick (maximal 17 km) zu niedrig. Bei VV04 (IXV) gelang dagegen eine Punktlandung. Der angestrebte Orbit wurde bis auf den Kilometer genau erreicht. Ebenso bei VV05 (Sentinel 2A)

Flug	Nutzlast	Zielorbit	Erreichter Orbit
VV01 13.2.2012	LARES	1450 × 1450 × 69,4°	1435 × 1452 × 69,4°
VV02 17.5.2013	PROBA-V	820 × 820 × 98,7°	819 × 820 × 98,7°
	VNREDSat-1	665 × 665 × 98,1°	670 × 672 × 98,1°
	ESTCube-1	665 × 665 × 98,1°	665 × 670 × 98,1°
VV03 30.5.2014	KazEOSAT-1	750 × 750 × 98,5°	734 × 740 × 98,5°
VV04 11.5.2015	IXV	76 × 416 × 5,4°	76 × 416 × 5,4°
VV05 23.6.2015	Sentinel 2A	786 × 786 × 98,6°	787 × 788 × 98,7°
VV06: 3.12.2015	LISA-Pathfinder	207 × 1.540 × 6°	208 × 1.521 km × 6°
VV07	PeruSAT-1	667 × 684 × 98,2°	696,7 × 697 × 98,2°
	SkySAT 1-4	491 × 508 × 97,4°	501,4 × 502,8 × 97,4°
VV08: 8.12.2016	GÖKTÜRK-1	700 × 700 × 98,1°	683,4 × 684 km × 98,1°

2015 fand im Januar der Start der europäischen Reentrysonde IXV statt. Die 1.800 kg schwere Sonde wird für einige Zeit die schwerste Nutzlast sein, gelangte aber nur auf eine suborbitale Bahn mit einem Gipfelpunkt in 450 km Höhe. Danach tauchte sie mit 7,5 km/s wieder in die Atmosphäre ein. Sie soll neue Wiedereintrittstechnologien wie Hitzeschutzschilde erproben. Die Vega könnte sie problemlos in einen Orbit bringen, doch da der Wiedereintritt erprobt wird, spart man sich dieses. Das AVUM machte nach Abtrennung von IXV zwei weitere Manöver und gelangte in einen 230 × 430 km hohen Orbit. Eventuell wollte man Performancemessungen durchführen, denn unter dem Gesichtspunkt der Vermeidung von Weltraumschrott hätte man sie sonst verglühen lassen. IXV selbst wurde nach rund 90 Minuten im Pazifik geborgen. Dieser vierte Start war auch der Erste, der bei Tageslicht und vollem Sonnenschein erfolgte.

Fünf Monate später fand der Start des ESA-Erdbeobachtungssatelliten Sentinel 2A statt. Er ist der bis dahin schwerste Einzelsatellit mit einem Gewicht von 1.210 kg. Der sechste Start, VV06 setzte dann einen neuen Nutzlastrekord: Die Raumsonde LISA-Pathfinder gelangte in einen elliptischen äquatorialen Orbit. Da sie die Erde verlassen sollte, spielt die Bahnneigung keine Rolle und so nutzte man den geografischen Vorteil des CSG voll aus. LISA-Pathfinder hat ein integriertes Antriebsmodul mit einem 400-N-Triebwerk. Es hob den Orbit mit sechs weiteren Zündungen an, bis die Raumsonde das Erde-Mondsystem verließ. Diese Vorgehensweise ist dem geringen Schub des Triebwerks geschuldet. Der elliptische Startorbit (Apogäum in 1.500 km Entfernung) gibt der Missionskontrolle genügend Zeit, die Raumsonde vor dem ersten Brennen durchzuchecken, da in einer nur 200 km hohen Umlaufbahn die Sonde sonst innerhalb von zwei Wochen wieder in die Erdatmosphäre eintreten würde. Von den 1.986 kg Startmasse von LISA-Pathfinder entfallen nur 475 kg auf die Raumsonde, der Rest auf das Antriebsmodul und Adapter.

Bei VV07 gab es bisher die meisten Zündungen des AVUM: Nach zwei Zündungen des AVUM wurden zuerst die vier von Google stammenden SkySat Satelliten (jeder 110 kg schwer) abgetrennt. Es folgte nach zwei weiteren Zündungen, (um die Bahn um 170 km zu erhöhen) PeruSAT, der in einer VESPA untergebracht war. Schließlich wurde die Bahn abgesenkt, sodass das AVUM einen erdnächsten Punkt in nur 268 km Höhe erreichte, der zu ihrem baldigen Verglühen führt.

Start	Gesamtnutzlast	Betriebsdauer AVUM
LARES + Cubesats	700 kg	11 Min 18 s
PROBA-V, VNREDSat-1, ESTCUBE	638 kg	7 Min 24 s
KazEOSAT-1	918 kg	7 Min 29 s
IXV	1.845 kg	5 Min 49 s
Sentinel 2A	1.210 kg	10 Min 40 s
Lisa Pathfinder	1.986 kg	10 Min 32 s + 7 s Deorbit
PeruSAT-1, SkySAT 4-7	1.207 kg	8 Min. 19 s + 15 s Deorbit
GÖKTÜRK-1	1.148 kg	8 Min. 2 s

36. Abbildung: Sentinel 2A vor dem Start © des Bildes: ESA - S. Corvaja

Abbildung 37: Die Nutzlast von VV01. Erhoben in der Mitte: Lares, unten ALMASAT © des Bildes ESA

Vermarktung

Als die Vega Ende der Neunziger Jahre des letzten Jahrtausends designt wurde, sah man einen blühenden Markt von erdnahen Kommunikationssatelliten, den die Vega bedienen sollte. Als man in die Entwicklung ging, war schon abzusehen, dass es diesen Markt nicht geben würde. Weitere 10 Jahre später hat sich die Situation erneut gewandelt. Es gibt einen neuen boomenden Markt von kleinen Satelliten. Die meisten für Erdbeobachtung. Erdbeobachtungssatelliten waren früher sehr groß. Landsat oder SPOT wogen mehrere Tonnen. In den letzten Jahren hat sich das geändert. Es gibt durchaus noch große Satelliten, aber dank moderner Elektronik kann heute ein Satellit mit wenigen Hundert Kilogramm Gewicht Aufnahmen mit einer Auflösung von 1 m anfertigen. Vor allem sind diese Satelliten drastisch preiswerter geworden und so haben zahlreiche kleinere Länder begonnen eigene Erdbeobachtungssatelliten zu starten. Dazu gehören Länder wie Vietnam, Peru, Chile, Kasachstan oder die Türkei. Auch kommerzielle Erderkundungssatelliten starten vermehrt, so will Google eine ganze flotte von Satelliten starten, um die Lücken in Google Maps zu füllen und aktuell zu halten.

Ein zweites boomendes Geschäft sind Cubesats. Cubesats sind die kleinsten Satelliten. Die kleinsten nur maximal 10 × 10 × 10 cm groß und 1 Kilogramm schwer. Doch es gibt auch größere. Inzwischen gibt es Firmen, die diese auch kommerziell einsetzen. Planetlabs hat auf Basis von Cubesats Erdbeobachtungssatelliten konstruiert. Bisher flogen diese vor allem bei anderen Starts mit und mussten sich nach der Hauptnutzlast richten. So konnte man weder die Bahn vorher festlegen, noch den Startzeitpunkt. Die meisten Cubesats wurden als Sekundärnutzlasten bei Transporten zur ISS mitgeführt, da diese viermal im Jahr stattfinden. Die Bahn de ISS ist aber ungeeignet für viele Erdbeobachtungssatelliten. Die Bahnneigung liegt bei nur 51,6 Grad. Sie deckt damit weder die ganze Erdoberfläche ab noch bietet sie reproduzierbare Lichtverhältnisse. Zudem ist die ISS nahe der Erde, sodass ein Cubesat nach typisch zwei Jahren wieder in der Atmosphäre verglüht. So sind Firmen inzwischen dazu übergegangen viele Cubesats zu bündeln und einen eigenen Start nur für diese Satelliten zu buchen. Für diese kleinen Nutzlasten wurden neue Träger geschaffen mit Nutzlasten von unter 200 kg. Geflogen ist schon die Super-Strypie, bald folgen die Electron und Launcher One. Mit der Firefly Alpha ist ein vierter Träger in der Entwicklung. Cubesats werden wegen ihrer kleinen Masse auch bei der Vega nur eine Mitfahrtnutzlast sein.

Als drittes Marktsegment eröffnet sich ein neuer Markt planetennaher Kommunikationssatelliten. Iridium und Globalstar setzten auf Mobilfunk. Die neuen Projekte dagegen auf Internet. Dabei wird ein Netz von Satelliten in mittelhohen Bahnen von 800 bis 1.500 km Höhe aufgebaut. Mit stationären Terminals peilt man einen Satelliten an, der empfängt das Signal und leitet es über andere Satelliten zur nächsten Bodenstation weiter. Dort wird es in das weltweite Netz eingespeist. Der Rückweg erfolgt analog. Diese Satelliten sollen vor allem daher Regionen versorgen, die heute keine guten Internetverbindungen haben. Das betrifft z.B. Afrika. OneWeb hat schon einen Startauftrag an Arianespace vergeben. OneWeb nutzt aber Sojus-Raketen und die Ariane 6. Ersatzexemplare soll LauncherOne transportieren. Die Zahl der Satelliten ist enorm: Es werden 648 Stück in 18 Bahnebenen sein. Jeder Satellit wiegt 175 bis 200 kg. Auch wenn die Vega beim Aufbau nicht zum Zuge kommt, so könnte sie bei dem Ausbau eine Rolle spielen. Für das Ersetzen von einzelnen Satelliten sind die Sojus Träger zu groß. Die Vega hat zudem den Vorteil, dass sie einen der kleinen Satelliten neben einer anderen Nutzlast transportieren kann. Die Höhe von 1.200 km liegt zwar oberhalb der von Erdbeobachtungssatelliten, ist durch die Vega aber noch erreichbar, wie der Start von LARES zeigt. Noch hat allerdings OneWeb keine Nachahmer gefunden. Google und SpaceX planen ein noch größeres Projekt mit über 4.000 Satelliten, doch nach zwei Jahren konnte SpaceX keine Fortschritte vermelden.

Die ASI führt regelmäßig Marktanalysen durch, weil sich die Weiterentwicklung der Vega natürlich nach den Anforderungen richtet. Sie ist 2015 zu folgenden Ergebnisse genommen:

- Es gibt von 2016 bis 2022 jährlich zehn Nutzlasten zwischen 0,2 und 3,0 t Gewicht, welche die Vega starten könnte.

- Davon stammen 53% aus Europa und 47% von anderen Nationen.

- 86% der Nutzlasten sind Erdbeobachtungssatelliten, 8% wissenschaftliche Satelliten und 6% Technologiedemonstrationsmissionen.

- 93% gehen in den SSO oder LEO, 7% in einen hochexzentrischen Orbit

- 47% der Nutzlasten wiegen nur 0,2 bis 0,7 t. 33 % 0,7 bis 1,5 t und nur 20 % 1,5 bis 2,6 t. Keine Nutzlast zwischen 2,5 und 3,0 t wurde identifiziert.

Auf Basis dessen sieht die ASI einen erreichbaren Markt von acht Satelliten von 0,2 bis 1,5 t Gewicht (59 % von 0,2 bis 0,7 t, 41 % von 0,7 bis 1,5 t). Dazu kämen zwei Einzelstarts für Satelliten von 1,5 bis 2,5 t Masse. Die Konstellationen sind nur schwer abzuschätzen und wurden nur nicht bei den Prognosen berücksichtigt. Es könnten aber bis zu 19 Ersatzsatelliten für Konstellationen gestartet werden.

So verwundert es nicht, dass die Vega inzwischen im Markt angekommen ist. Von den ersten 16 Starts sind Ende 2015 alle bis auf zwei schon gebucht. Das dritte Los wird ab 2019 dann schon Starts der Vega C umfassen.

Die Konkurrenz

Die Vega ist in einer völlig anderen Situation als die Ariane 5. Sie ist eine Neuentwicklung, die in einen schon existierenden Markt einbrechen will, während die Ariane Familie seit dreißig Jahren einen Markt beherrscht. Zudem erfordert die Entwicklung einer Trägerrakete mit einer Nutzlastkapazität von 5-10 t in den GTO-Orbit sehr hohe Investitionen, während diese für 1-2 t SSO Nutzlast eher gering sind, zumal ehemalige Interkontinentalraketen diese Nutzlast aufweisen. Daher gibt es in dem Markt, in dem die Vega Fuß fassen will, schon etablierte Konkurrenz und neue kommt hinzu. In diesem Abschnitt sollen die wichtigsten Konkurrenten vorgestellt werden. Die angegebenen Nutzlasten sind, sofern nicht anders vermerkt, die in eine sonnensynchrone Umlaufbahn. Da es so viele Träger gibt, habe ich nur die aufgeführt, die noch im Einsatz sind oder kurz davor stehen.

US-Träger

Zahlreiche US-Träger, die vor allem auf ausgemusterten Interkontinentalraketen basieren, stehen zur Verfügung. Neben den aufgeführten Trägern werden noch zwei weitere angeboten, die Athena Ic und IIc. Sie sollten seit 2012 zur Verfügung stehen. Seit der Ankündigung hörte man aber nichts Neues mehr.

Die Pegasus ist noch im Einsatz, hat aber keine weiteren Aufträge mehr. Stratolaunch will ebenfalls die Pegasus starten, doch auch hier gibt es noch keinen angekündigten Starts.

Abbildung 38: Die Pegasus unter dem Flügel einer B-52

Minotaur I

Abbildung 39: Zweiter Start der Minotaur

Die Minotaur I besteht aus den ersten beiden Stufen einer Minuteman-ICBM und der zweiten und dritten Stufe der Pegasus XL. Durch die Verwendung von schon existierenden Stufen war das Entwicklungsrisiko begrenzt. Es resultierte eine preiswerte Trägerrakete, da die Minuteman nach dem START-II Vertrag ausgemusterte Raketen sind. Neu produziert werden nur die dritte und vierte Stufe.

Anfangs stand die Minotaur I nur für Starts des US-Verteidigungsministeriums zur Verfügung, inzwischen erfolgten auch Starts für kommerzielle Kunden.

Die Minotaur I ist eine vierstufige Trägerrakete mit Feststoffantrieben in allen Stufen. Durch die vierstufige Bauweise ist die Nutzlast in sonnensynchrone Bahnen deutlich höher als bei der Pegasus. Sie transportiert 331 kg in einen sonnensynchronen Orbit, fast die doppelte Nutzlast der Pegasus, bei einem 50% höheren Startgewicht von 36,2 t. Vier Startbasen in den USA erlauben Starts in alle Bahnneigungen von 28,5 – 120 Grad. Alle Starts seit dem Jahr 2000 waren erfolgreich. Bedingt durch die kleine Nutzlast ist die Minotaur I nur eine Konkurrenz, wenn es um die Beförderung eines Minisatelliten geht, also einer Sekundärnutzlast der Vega.

Die Minotaur steht auch für kommerzielle Starts zur Verfügung. Die NASA kann dagegen aufgrund von US-Gesetzen nicht die Minuteman einsetzen, da sie zum Teil aus militärischen Stufen besteht. Es gab bisher nur wenige kommerzielle Starts. Beim letzten Abschluss der USAF zahlte diese 29,2 Millionen Dollar für einen Start. Allerdings sind US-Regierungsstarts bei allen Anbietern durch den Overhead an Bürokratie immer teurer als kommerzielle.

Minotaur IV

Obwohl die Trägerrakete den gleichen Namen wie die Minotaur I trägt, hat sie mit dieser nichts gemein. Auch hier wurde eine ICBM zu einer Trägerrakete umgebaut. Dabei handelt es sich in um die MX Peacekeeper. Sie wurde um die dritte Stufe der Pegasus erweitert. Da die MX Peacekeeper erheblich größer als die Minuteman ist, transportiert sie 1.023 kg in einen SSO-Orbit. Sie ist somit betreffend Nutzlast mit der Vega vergleichbar.

Die Minotaur IV hat vier Stufen, alle mit festen Treibstoffen. Ihre Startmasse beträgt 86,3 t. Ihr Erststart fand am 22.9.2010 mit dem Satelliten SBSS für das US-Militär statt. Drei Starts fanden seitdem statt. Die Startkosten sind mit 50 Millionen Dollar recht hoch. Es stehen zudem nur wenige Exemplare der Minotaur IV zur Verfügung. Sie sollen bis 2016 eingesetzt werden.

Minotaur V

Die dreistufige MX Peacekeeper, erweitert um eine andere Oberstufe (wahlweise den Star 48 oder 37FM Antrieb) erreicht deutlich höhere Endgeschwindigkeiten und eignet sich für den Start kleiner Nutzlasten in GTO-Bahnen oder zum Mond.

Aufgrund dieses Einsatzprofils ist die Minotaur V keine direkte Konkurrenz zur Vega, da diese ohne zusätzliche Oberstufe keine GTO-Bahnen erreichen, geschweige denn Nutzlasten zum Mond transportieren kann. Die 83,4 t schwere Rakete kann 640 kg in einen GTO-Orbit oder 460 kg zum Mond transportieren. Der bisher einzige Start erfolgte 2013.

Abbildung 40: Die Minotaur V mit dem Mondorbiter LADEE

Minotaur C

Wird eine Pegasus XL (ohne die Flügel) auf eine 50 t schwere Castor 120 Feststoffrakete gesetzt, so resultiert daraus die Minotaur C. Früher wurde sie auch als „Taurus XL" oder „Taurus 3210" bezeichnet. Mit der Indienststellung der Minotaur IV erfolgte eine Anpassung des Namens. Das „C" steht für Commercial. Anders als die Minotaur I-V gibt es durch die zivilen Stufen keine Restriktionen bei der Vermarktung. Die Minotaur C transportiert etwa 700 kg in eine sonnensynchrone Bahn bei einem Startgewicht von rund 72 t.

Die Minotaur C hatte nur acht Starts seit der Indienststellung 1994. Da die letzten beiden scheiterten und die Unglücksursache (eine nicht abgelöste Nutzlastverkleidung) nie geklärt wurde gab es seit 2009 keinen Start. Orbital hat daher bei der Umbenennung auch die Nutzlastverkleidung durch die kleinere der Minotaur IV ersetzt.

Derzeit gibt es nur einen Start der Minotaur C. Sie soll Anfang 2017 sechs SkySAT Satelliten in eine Umlaufbahn befördern.

Super-Strypi

Die Super-Strypi ist eine neue US-Trägerrakete für den Transport von Mikrosatelliten und Cubesats. Sie wurde anders als die anderen US-Trägerraketen vom Staat entwickelt. Die Entwicklung ging von den Sandy National Laboratorien aus. Sie soll Satelliten im Rahmen des NASA Minisatprogramms transportieren. Die Super-Strypi wurde auf Kosteneffizienz getrimmt. Sie hat drei Feststoffstufen, die von Aerojet stammen. Sie ist für kleine Nutzlasten ausgelegt. So hat sie standardisierte Ringe für die Aufnahme von Cubesats. Bisher erfolgte ein Start, der jedoch scheiterte.

Abbildung 41: Eine Minotaur C vor dem Start

LauncherOne

Die Firma Virgin Galactic hat seit 2012 die kleine Trägerrakete LauncherOne entwickelt. Sie wurde für den expandierenden Markt der Cubsats und Mikrosatelliten ausgelegt. Ihre Nutzlast beträgt nur 200 kg in einen sonnensynchronen Orbit. Die LauncherOne setzt zwei Stufen ein die beide mit flüssigem Sauerstoff und Kerosin angetrieben werden. Die zweite Stufe ist wiederzündbar und erreicht so auch hohe Umlaufbahnen.

LauncherOne wird wie die Pegasus von einem Flugzeug aus gestartet. Ursprünglich war das Flugzeug WhiteKnightTwo gedacht, das auch das SpaceShipTwo auf eine suborbitale Bahn bringt. Inzwischen ist man auf einen Jumbojet (Boeing 747-400 umgeschwenkt. Es gibt drei Startbasen beim Kennedy Space Center, Wallops Island und dem kommerziellen Weltraumbahnhof „Mohave Space Port" die alle Bahnneigungen abdecken.

Schon vor dem Jungfernflug hat Virgin Galactic ein beeindruckendes Backlog von 39 Starts. Diese erfolgen für nur einen Kunden: OneWeb. 39 Starts werden jeweils einen der Satelliten transportieren. Die anderen 600 Satelliten sollen mit 21 Sojus und drei Ariane 6 gestartet werden. Die Starts der LauncherOne sollen Reserveexemplare transportieren. Der Jungfernflug wird wahrscheinlich ab 2018 erfolgen.

Electron

Der zweite kleine Träger ist die neuseeländische Electron. Wie die LauncherOne ist die Rakete zweistufig und setzt LOX/Kerosin als Treibstoffe ein. Ebenso hat sie eine geringe Nutzlast und ist für Cubesats und Mikrosatelliten ausgelegt. Sie hat mir nur 150 kg die kleinste Nutzlast aller existierenden Trägerraketen.

Sie wird von der neuseeländischen Firma Rocket Lab gefertigt, das sich auf seiner Webseite sehr innovativ gibt (Treibstoffförderung durch Elketromotoren anstatt Turbopumpen, Verwendung von Teilen aus dem 3D-Drucker). Wie die Launcher One setzt sie LOX/Kerosin ein. Sie verwendet in beiden Stufen nur ein Triebwerk mit lediglich 22 kN Schub. Die erste Stufe setzt aber acht dieser Triebwerke ein, die Zweite nur eines.

Der Jungfernflug wurde mehrfach verschoben und ist für 2017 geplant. Die Firma hat nach eigenen Angaben aber mindestens fünf und zwei teil-gebuchte Flüge. Die meisten Nutzlasten sind Konstellationen von Cubesats. So hat Planetlabs drei Starts für den Transport von 100 Cubesats gebucht.

42. Abbildung: Die Electron

43. Abbildung: Die Super-Strypi vor dem Jungfernflug

82

Russische Trägerraketen

Wie die USA musste auch Russland nach dem START-II Vertrag zahlreiche Trägerraketen ausmustern. Da Russland mehr Modelle und schwerere Atomsprengköpfe einsetzte, bilden diese Träger eine starke Konkurrenz zur Vega, da sie eine höhere Nutzlast als die US-Träger aufweisen. Sie können auch erheblich preiswerter angeboten werden, weil die Raketen schon vorhanden sind. Vor allem Europa war bisher ein guter Kunde für zahlreiche Starts kleiner russischer Trägerraketen.

Die Situation hat sich allerdings in den letzten Jahren verschlechtert. Zum einen sind die Träger durch die hohe Inflation in Russland deutlich teurer geworden. Zum anderen gab es beträchtliche Startverschiebungen bei den letzten Missionen. Die eingelagerten ICBM sind inzwischen am Ende ihrer Lebensdauer angekommen und Russland will die Träger für eigene Missionen durch die Sojus 2.1v ersetzen.

Rockot / Strela

Die Rockot ist eine neue Trägerrakete, bei der die Interkontinentalrakete RS-18 durch eine dritte, neu entwickelte, Stufe erweitert wurde. Alle drei Stufen arbeiten mit lagerfähigen, flüssigen Treibstoffen. Die Rockot wiegt rund 111 t. Die dritte Stufe, gepaart mit moderner Technik, steigert die Nutzlast auf rund 1.100 kg. Die Rockot weist also in etwa die gleiche Nutzlast wie die Vega auf. Alle Stufen arbeiten mit der Treibstoffkombination UDMH/NTO. Die Rockot kann auch Sekundärnutzlasten befördern und die Oberstufe ist mehrfach zündbar. Sie ist daher in Nutzlast und Fähigkeiten am ehesten mit der Vega vergleichbar. Mit der Rockot wurden bereits zahlreiche ESA-Satelliten gestartet. Auch Russland setzt diesen Träger für eigene kleine Satelliten ein. Allerdings führte die Inflation in Russland zu einem starken Preisanstieg. Der letzte Start für die ESA von SWARM kostete schon 27,2 Mill. Euro, nur wenig unter dem Startpreis der Vega von 32 Millionen Euro. Vor allem Deutschland war ein guter Kunde, da die Rockot von Eurocket mit deutscher Beteiligung angeboten wird. Die Rockot soll nach derzeitigen Plänen bis 2018 eingesetzt werden. Momentan stehen noch zwei Sentinel Satelliten der ESA im Backlog. Russland will seit Beginn der Ukraine-Krise für eigene Nutzlasten auf andere Träger ausweichen, da einige Komponenten der Rockot aus der Ukraine stammen.

Die Strela setzt auch die RS-18 ein, jedoch ohne dritte Stufe, also in der ursprünglichen ICBM-Konfiguration. Sie wird deutlich preiswerter für 11 Millionen Dollar angeboten, allerdings konnte der russische Hersteller keinen westlichen Kooperationspartner gewinnen. Bisher fanden nur drei Starts in einem Jahrzehnt statt, alle mit russischen Nutzlasten. Sie transportiert ohne die Oberstufe eine etwas kleinere Nutzlast als die Rockot.

Abbildung 44: Die Rockot wird wie eine ICBM von einem Silobehälter aus gestartet.

Dnepr

Die Dnepr nutzt die größte jemals gebaute ICBM. Es handelt sich um die 211 t schwere RS-36M, die von unterirdischen Silos in Baikonur aus gestartet wird. Eine zweite Startbasis steht bei Dombarowski zur Verfügung. Sie wird von den russischen Raketenstreitkräften genutzt, da einige RS-36M noch in Dienst stehen.

Bisher erfolgten alle kommerziellen Starts von Baikonur aus. Die Dnepr verfügt nur über zwei Stufen, wodurch die Nutzlast für höhere Bahnen rasch abnimmt. So beträgt die Nutzlast in einen 200-km-Orbit 3.800 kg, während es in den 700 km hohen SSO-Orbit nur noch 800 kg sind. Eine weitere dritte Stufe würde die Nutzlast der Dnepr erheblich erhöhen, so stiege sie für den sonnensynchronen Orbit auf 1.750 kg an. Sie ist seit Jahren angekündigt, aber bisher noch nicht verfügbar.

Beide Stufen arbeiten mit der Treibstoffkombination UDMH/NTO. Die Startrate der Dnepr ist in den letzten Jahren deutlich angestiegen. Sie ist der leistungsfähigste der verfügbaren, russischen, „kleinen" Träger und hat eine hohe Zuverlässigkeit.

Anfangs war der Startpreis mit 13-15 Millionen Dollar sehr niedrig. Danach wurde sie deutlich teurer. Der letzte Start 2014 kostete schon 24 Millionen Dollar. Wie bei der Rockot ist die maximale Lagerdauer der ICBM in wenigen Jahren erreicht. Sie wurden noch in den Achtziger Jahren des letzten Jahrtausends produziert. ISC Kosmostras, welche die Dnepr international vermarktet, hat zudem große Terminschwierigkeiten und konnte so z. B. zwei Starts für Iridium nicht durchführen.

Russlands Regierung fuhr zudem einen Schlingerkurs in der politischen Unterstützung der Dnepr. 2012 gab Russlands Regierung an, man wollte die Starts einstellen, da die Kosten höher als die Einnahmen seien. 2015 gab es eine Kehrtwende und es wurde verlautbart man wolle die Produktion der RS-36M wieder aufnehmen. Die Starts seit 2010 waren alle kommerzieller Natur. ISC Kosmotras führt fünf Starts in seinem Launchmanifest auf.

Zumindest für eigene Nutzlasten ist Russland inzwischen auf die Sojus 2.1v ausgewichen. Diese wird aber zur Zeit noch nicht kommerziell vermarktet. Die Sojus 2.1v ist eine Sojus 2 ohne die vier Außenblocks, dafür mit einem NK-33 Triebwerk im Zentralblock. Diese Triebwerke wurden bis 1974 produziert und seitdem eingelagert. Die Oberstufe ist ein umgebauter Satellitenbus. Von den zwei Starts seit 2013 scheiterte der Zweite.

Abbildung 45: Start von Cryosat 2 mit der Dnepr

Angara 1.2

Die Angara 1.1 ist das kleinste Modell einer Familie von Trägerraketen. Sie bestehen aus einer Stufe, dem URM, das bei größeren Versionen gebündelt wird (bis zu sieben Stück). Dazu kommen schon bekannte Oberstufen wie die Breeze-M oder eine Modifikation des Block I der Sojus.

Die Angara 1.2 setzt ein URM und die Oberstufe der Sojus 2B ein. Sie hat von allen hier vorgestellten Trägern die höchste Nutzlast von fast 3 t in einen erdnahen Orbit. Russland will langfristig die meisten der bisherigen Träger durch die Angara ersetzen, die Umstellung erfolgt aber langsam. So gab es bisher nur einen Flug der Angara 1 und zwei der Angara 5.

Der Erstflug der Angara 1.2 erfolgte 2014, seitdem gab es keinen weiteren Start. Sie wird kommerziell von ILS zusammen mit der Proton und größeren Versionen der Angara vermarktet. ILS setzt ein zusätzliches Modul mit 600 kg Treibstoff ein, das vor allem die Nutzlast für höhere Orbits anhebt, für niedrige Erdumlaufbahnen aber absenkt. Ein Start konnte bisher verkauft werden. Wie bei der Dnepr gibt es mit der Sojus 2.1v „innerrussische" Konkurrenz.

Abbildung 46: Jungfernflug der Angara 1.2 © des Bildes Roskomos/RussianSpaceWeb

Chinesische Trägerraketen

China verfügt über zahlreiche Trägerraketen. Die meisten haben eine zu hohe Nutzlast für Kleinsatelliten. Erst seit 2013 steht eine Trägerrakete für kleine Nutzlasten, die Kuaizhou zur Verfügung. Sie basiert auf der Mittelstreckenrakete DF-21 und wurde von China als Antisatellitenwaffe getestet. „013 und 2014 erfolgten zwei Starts mit chinesischen Satelliten.

Eine Version Kuaizhou -11 mit deutlich größerer Nutzlast von 1 t in einen 700 km hohen SSO soll 2017 zum Einsatz kommen und kommerziell vermarktet werden. Die staatliche CASIC hat auch schon 20 Starts in den Büchern, allerdings dürften die meisten von chinesischen Kunden, sprich der Regierung selbst, stammen.

Bisher verhindern ITAR-Verbote weitestgehend, dass die chinesischen Träger Satelliten aus anderen Nationen starten. Sie verbieten den Export von bestimmter Elektronik nach China und genau diese steckt in den meisten Satelliten. Es gab daher trotz des geringen Preises der Kuaizhou von 14,5 Millionen Dollar bisher keinen westlichen Kunden, der sie gebucht hätte.

Mit ihr in Konkurrenz steht die Langer Marsch 11, ebenfalls eine reine Feststoffrakete. Sie wird jedoch nur für nationale Nutzlasten eingesetzt werden.

Abbildung 47: Die Kuaizhou-11

Abbildung 48: Start einer PSLV

Indische Trägerrake- ten

Die PSLV (**P**olar **S**tandard **L**aunch **V**ehicle) ist eine bewährte indische Träger- rakete, die seit 1993 einge- setzt wird. Wie der Name schon sagt, wurde sie für den Start von Satelliten in den polaren Erdorbit ent- worfen. Sie transportierte schon einige europäische Nutzlasten.

Sie setzt vier Stufen ein, die von Feststoffboostern un- terstützt werden. Die Kon- struktion ist relativ ungewöhnlich so werden erste und dritte Stufe mit festen Treibstoffen ange- trieben, die Zweite und Vierte dagegen mit UDMH/NTO. Die Nutzlast ist aufgrund der Verwen- dung von festen Treibstof- fen und einer hohen Leermasse trotz 316 t Startgewicht mit 1.700 kg relativ gering.

Indien nutzt die PSLV auch für Starts in den GTO und auf Fluchtbahnen. So wurden die bei- den Raumsonden Chandryaan 1 und Mars Orbiter mit einer PSLV gestartet.

Eine leistungsgesteigerte Version, die PSLV XL, ist seit 2008 verfügbar. 15 PSLV die 2015 von der ISRO geordert wurden hatten einen Wert von 484 Millionen Dollar. Auch bei ihr ist der Startpreis in den letzten Jahren deutlich angestiegen. Vor wenigen Jahren kostete ein Start noch 18 – 19 Millionen Dollar. Trotzdem ist die PSLV der derzeit größte Konkurrent der Vega. Die indische Weltraumorganisation ISRO konnte zahlreiche Startaufträge gewin- nen und die Startrate ist ansteigend. 2016 fanden sechs Starts statt. Der letzte Fehlstart er- folgte 1997. Diese hohe Startrate, verbunden mit einer hohen Nutzlast und hohen Zuverlässigkeit machen die PSLV zu einem vitalen Konkurrenten der Vega.

Japanische Trägerraketen

Japan hat die Produktion seiner My-V Trägerrakete eingestellt, da ein Start sehr teuer war. 2011 hat die JAXA beschlossen, eine neue Trägerrakete mit festen Treibstoffen zu entwickeln, die Epsilon genannt wird. Deutliche Kostensenkungen sollen durch automatisierte Abläufe, Verzicht auf maximale Performance und Synergien mit dem H-IIA Programm erreicht werden. So besteht die erste Stufe aus einem Feststoffbooster der H-IIA. Der Startpreis der Epsilon ist trotzdem recht hoch und lag beim Jungfernflug bei 3,8 Milliarden Yen. Bei einer Startfrequenz von mindestens einem Start pro Jahr soll er auf 3 Milliarden Yen, rund 30 Millionen Dollar sinken.

Die Trägerrakete ist wie die Vega dreistufig mit einem kleinen flüssigen Antriebsmodul im Avionikteil. Die Epsilon wird allerdings nur 450 kg in einen 500 km hohen SSO befördern können. Haupteinsatzgebiet für die Epsilon sind Satelliten in LEO Bahnen. Hier erreicht sie eine maximale Nutzlast von 1.200 kg. 2014 erfolgte der erste erfolgreiche Start. Die folgende Tabelle führt die dem Autor bekannten Startpreise von Trägerraketen auf. Teilweise sind diese schon recht alt, weswegen das Bezugsjahr mit angegeben wurde.

Träger	Starts	Zuverlässig-keit	Nutzlast LEO	Nutzlast SSO	Startpreis	Erststart
Vega	8	100%	2.500 kg	1.430 kg	32 Mill. € (2012)	2012
Super Strypi	1	0%	350 kg	270 kg	15 Mill. $ (2015)	2015
Minotaur I	11	100%	580 kg	331 kg	29,2 Mill. $ (2016)	2000
Minotaur IV/V	4	100%	1.735 kg	1.023 kg	50 Mill. $ (2010)	2010
Minotaur C	9	66,6%	1.275 kg	882 kg	70 Mill. $ (2013)	1994
LauncherOne	0		500 kg	300 kg	10 Mill. $ (2016)	
Electron	0		224 kg	150 kg	4,9 Mill. $ (2016)	
Rockot	27	88,9%	1.850 kg	1.100 kg	36 Mill. $ (2013)	1994
Strela	3	100%	1.600 kg	800 kg	11 Mill. $ (2003)	2003
Dnepr	22	95,5%	3.700 kg	1.750 kg	24-30 Mill. $ (2015)	1999
Angara 1,2	1	100%	2.960 kg	2.270 kg		2014
Kuaizhou	2	100%	1.500 kg	1.000 kg	14,5 Mill. $ (2016)	2013
PSLV	38	94,4%	-	1.700 kg	32 Mill. $ (2015)	1993
Epsilon	1	100%	1.200 kg	450 kg	37 Mill. $ (2013)	2013

Die Chancen der Vega sind schwer zu beurteilen. Es gibt hier sehr viele Aspekte zu berücksichtigen. Neben den reinen Startkosten gibt es auch politische Erwägungen. So gibt es ein Exportverbot für Satelliten die US-Bauteile enthalten (und dies gilt auch für die meisten europäischen Satelliten) nach China. Die US-Träger sind vergleichsweise teuer. Bei den Trägern die ausgemusterte ICBM einsetzen, muss zudem mit dem Pentagon verhandelt werden. Die bisher meisten europäischen Nutzlasten starteten Rockot und Dnepr, danach folgte die Kosmos. Letztere ist nun nicht mehr verfügbar und auch die anderen russischen Träger laufen aus. Bedingt durch die starke Inflation ist der Hauptvorteil, der günstige Startpreis bei russischen Trägern nicht mehr gegeben. Die Rockot weist zwei Fehlstarts auf, bei einer ging der ESA-Satellit Cryosat verloren.

Die Startkosten sollten nicht überbewertet werden. Selbst preisgünstige Projekte, wie der Nachbau des Cryosat, Cryosat-2 oder das zweite Exemplar des deutschen Radarsatelliten Tandem-X liegen in einem Kostenrahmen von 90 – 130 Millionen Euro. Eine Neuentwicklung wie GOCE liegt bei 300 Millionen Euro. Eine Einsparung von 10 Millionen Euro beim Start spart daher nur 3-10% der Gesamtinvestitionen. Daher dürfte wichtig sein, dass die Vega eine hohe Zuverlässigkeit erreicht, denn geht der Satellit verloren, dann entstehen hohe Kosten. Diese Erfahrung musste in den letzten Jahren die NASA machen, als die beiden Satelliten OCO und Glory bei Fehlstarts von Taurus Trägerraketen verloren gingen. Die Gesamtkosten beider Missionen betrugen 697 Millionen Dollar.

Auf der anderen Seite kann die Vega nicht mit vielen Nutzlasten aus Drittländern rechnen, da alle anderen größeren Raumfahrtnationen Träger in dieser Nutzlastklasse haben und es nur wenige Starts für Drittländer gibt. Die US-Regierung startet nur Satelliten mit US-Anbietern. Leider denken europäische Regierungen anders, sodass nicht mit dem Start aller Satelliten von ESA-Mitgliedsstaaten zu rechnen ist. Besonders Deutschland fällt seit Jahrzehnten hier unangenehm auf.

Der wichtigste Vorteil der Vega war bisher die Fähigkeit verschiedene Umlaufbahnen zu erreichen und so mehrere mittelgroße Nutzlasten auszusetzen. Marktprognosen nehmen an, dass dieses Marktsegment von Erdbeobachtungssatelliten mit 200 bis 700 kg Masse auch weiter ansteigt. Sie kommen von kommerziellen Anbietern wie Google, dass eine Flotte von SkySat-Satelliten startet wie auch Staaten ohne eigene Trägerrakete.

Ob die Konstellationen für weitere Starts sorgen, muss sich noch zeigen. Auch bei Iridium und Globalstar war die Prognose wesentlich besser als die spätere Akzeptanz. Ob sich z.B. die afrikanische Bevölkerung Internet über Satelliten von OneWeb leisten kann, daran hat der Autor doch einige Zweifel.

Abbildung 49: Liftoff mit IXV zum vierten Start © des Fotos: ESA

Weiterentwicklungen

Wie bei der Ariane gab es auch bei der Vega schon vor dem Erstflug Studien über eine Nutzlaststeigerung. Derartige Studien sind eine Möglichkeit relativ preiswert verschiedene Szenarien zu untersuchen. Man erhält so Daten, die wichtig sind, um danach über konkrete Vorhaben zu entscheiden. Sie sollten nicht mit fest beschlossenen Projekten, wie z. B. dem Ariane Evolution Programm, verwechselt werden.

Im Jahr 2005 vergab die ASI einen ersten Kontrakt für eine Phase-A-Studie für die Weiterentwicklung der Vega. Ziel war es, die Nutzlast um 30% auf rund 2.000 kg zu steigern, ohne die Startkosten zu erhöhen. Dem folgte 2007 ein Kontrakt für die Phase B. Es sollte unter der Bezeichnung „Lyra" eine neue Stufe entwickelt werden, welche das AVUM und den Zefiro 9A Antrieb ersetzen soll. Sie soll von einem neuen Triebwerk mit der Bezeichnung „Mira" angetrieben werden. Es nutzt flüssiges Methan und Sauerstoff als Treibstoff und arbeitet nach dem Expander Cycle Verfahren bei einem Schub von rund 100 kN. Der Name des Antriebs lehnt sich an die Sternbilder an. Der Stern „Wega" (italienisch Vega) ist der leuchtkräftigste Stern im Sternbild Leier (italienisch Lyra). Mira ist wiederum der Name des leuchtkräftigsten Sterns im Sternbild Walfisch.

Andere Ideen von ELV umfassen den Einsatz von Ionenantrieben an Bord der Vega, um höhere Bahnen zu erreichen (Galileo-Orbit). Es wurde sogar darüber nachgedacht, die Vega für ISS-Versorgungsflüge zu nutzen. Realistischerweise dürfte sie dafür aber zu klein sein. Die Idee des Ionenantriebs wurde später wieder aufgegriffen, genauso wie Lyra immer noch in den Langzeitplanungen der ASI auftaucht.

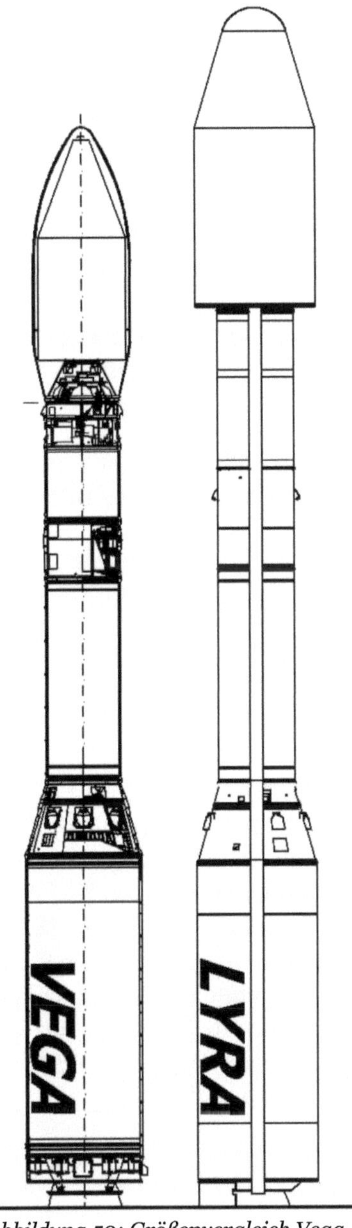

Abbildung 50: Größenvergleich Vega und Lyra

VERTA

Innerhalb des VERTA Programms (**V**ega **R**esearch and **T**echnology **A**ccompaniment) wurde in einer frühen Phase auch an der Steigerung der Nutzlast geforscht. Folgende Pläne existierten:

- Ersatz der P80-Stufe durch eine P100 mit rund 100 t Treibstoff.

- Ersatz der Z23-Stufe durch eine Z40 Stufe mit 40 t Treibstoff, 2,60 m Durchmesser).

Andere Zweitstufen wurden ebenfalls diskutiert, wie eine Z30 (30 t Treibstoff, 2,20 m Durchmesser oder eine Z35 (35 t Treibstoff, 2.60 m Durchmesser). Die Z40 verspricht allerdings die höchste Nutzlast.

Diese Veränderungen könnten die Nutzlast auf 2.000 kg für den Referenzorbit anheben. Dazu gibt es Untersuchungen für eine Oberstufe, welche das AVUM und die Z9-Drittstufe ersetzen soll. Der Fokus liegt auf drei Konzepten:

- Einsatz des Aestus 2 für die Oberstufe

- Einsatz eines LOX/Methan Triebwerks (Kandidat: Mira)

- Einsatz des Vinci Triebwerks für eine kryogene Oberstufe

Denkbar wäre noch der Einsatz von Zefiro 23 Antrieben als zusätzliche Startbooster. Mit vier Boostern resultiert eine Nutzlast von rund 2.500 kg. Zusammen mit einer kryogenen Oberstufe könnte eine Nutzlast von bis zu 4.000 kg resultieren. Damit würde die Vega zur Sojus aufschließen, die 4.900 kg in einen sonnensynchronen Orbit befördern kann.

Schon die Erweiterung auf 2.500 kg SSO-Nutzlast würde ausreichen, um einen Galileo Satelliten in seine Umlaufbahn zu befördern. Dazu wäre aber eine Oberstufe notwendig, die mit zwei Brennperioden den Satelliten von einer niedrigeren, 56 Grad zum Äquator geneigten, Erdumlaufbahn in eine kreisförmige, 23.222 km hohe Bahn befördert. Die dazu nötige Geschwindigkeitsänderung von rund 3.600 m/s kann das AVUM nicht aufbringen.

Die für den Autor bestechendste, nämlich einfachste Lösung, die Vega durch Zefiro 23 Zweitstufen als Booster zu erweitern, hat man leider nie weiter verfolgt. Dabei liegen ihre Vorteile auf der Hand: keine Entwicklungskosten, modulare Anpassung an das Gewicht der Nutzlast und höhere Serienproduktion der Z23-Stufe und damit kleinere Stückkosten.

VENUS-Oberstufe

Deutschland war nicht an der Entwicklung der Vega beteiligt. Das DLR (**D**eutsches **Z**entrum für **L**uft & **R**aumfahrt e.V.) bezeichnete die Rakete als nicht notwendig, da der Markt klein sei und es zahlreiche verfügbare Träger in diesem Segment gibt.

Nach einigen Jahren hat das DLR ihre Position revidiert. Es wurden Untersuchungen für eine alternative Oberstufe gemacht. Alle Lösungen sind wahrscheinlich erheblich teurer als der preiswerte Feststoffantrieb sein. Dafür wäre Europa nicht abhängig von dem ukrainischen Triebwerk, welches jetzt eingesetzt wird. Diese neue Stufe läuft unter der vorläufigen Projektbezeichnung VENUS (**Ve**ga **N**ew **U**pper **S**tage).

Zuerst untersuchte das DLR intern im SART-Institut (**S**ystem**a**nalyse **R**aum**t**ransport) die neue Oberstufe. Untersucht wurden sechs verschiedene Konfigurationen (A-F). Da die Stufe erst entwickelt werden muss, konzentrierten sich weitergehende Studien vor allem auf die Konfigurationen mit den leistungsgesteigerten ersten Stufen der Vega, der P100 und Z40, die in einigen Jahren zur Verfügung stehen könnten.

Typ	Erststufe	Zweite Stufe	Triebwerk Dritte Stufe	Bemerkung
A	P80	Z23	Aestus / AVUM	Nutzlast 1.340 kg
B	P80	Z23	Aestus 2	Nutzlast 1.610 kg
C	P80	Z23	Vinci	Nutzlast 3.560 kg
D	P80	Z23	60 / 100 kN LOX/LH2	Nutzlast 2.760 / 3.200 kg
E	P80	Z23	100 kN LOX/CH4	Nutzlast 2.440 kg
F	P80	Vinci	-	Nutzlast 2.600 kg

Die „Venus A" wurde sehr bald verworfen. Die Stufe hat eine schlechtere Leistung als die originale Vega, die bei 1.500 kg liegt. Die Hauptursache ist der kleine Schub des Aestus Triebwerks von 28,4 kN, der nur eine geringe Treibstoffzuladung zuließ.

Die „Venus B" ist die einzige Stufe, die konzeptionell intensiver untersucht wurde. Sie hätte durch das Aestus 2 Triebwerk mit doppelt so hohem Schub 8.000 kg Treibstoff aufgenommen. Die Studie nahm das Mischungsverhältnis von 1,9, wie bei der EPS an. Daraus resultierte ein 4,4 m³ großer NTO und ein 3,85 m³ großer MMH Tank. Eine etwas höhere Leistung würde ein Mischungsverhältnis von 2,2 (NTO/MMH) bieten. Dann wären zudem beide Tanks gleich groß, was die Fertigung vereinfacht.

Die „Venus C" ist die leistungsfähigste Konfiguration: Der hohe Schub des Vinci-Triebwerks lässt eine Stufe mit 16 t Treibstoffzuladung zu. Allerdings ergeben sich nun gravierende Probleme. Eine so hohe Treibstoffmenge führt zu einer langen Stufe. Die Gesamtlänge der Vega und die Belastung des oberen Teils beim Aufstieg erreichen inakzeptable Werte. Weiterhin wird es schwierig, die breite Düse des Vinci im Stufenadapter unterzubringen, der unten den Durchmesser des Zefiro 23 Antriebs von 1,90 m aufweist. Für weitergehende Untersuchungen wurde daher die Konfiguration mit dem 2,60 m großen Z40 Antrieb und eine verkürzte Düse beim Vinci Triebwerk angenommen.

Die „Venus D"-Stufe sollte die Probleme der „Venus C" lösen, indem jeweils zwei kleinere Triebwerke mit nur 60 oder 100 kN Schub eingesetzt werden. Ihr Expansionsverhältnis beträgt 200. Die Düsen sind im Stufenadapter unterbringbar. Durch die geringere Treibstoffzuladung sind die Stufen kompakter. Die Version mit 100 kN Schub erreicht zwar fast die Nutzlast der „Venus C". Aber es ist fraglich, ob sich nur für die Vega eine komplette Neuentwicklung eines 100 kN Expander Cycle Triebwerks lohnt. Mit dem HM-7B würde dagegen ein Triebwerk mit 65 kN Schub zur Verfügung stehen. Es ist aber nur einmal zündbar.

Wie zu erwarten, ist die „Venus E" mit einem Triebwerk, das LOX mit Methan verbrennt, (100 kN Schub) in der Leistung zwischen dem Aestus 2 und dem 100-kN-LOX/LH2 Triebwerk angesiedelt. Die technischen Herausforderungen sind ähnlich wie bei einem neuen LOX/LH2 Triebwerk (auch flüssiges Methan ist ein kryogener Treibstoff mit niedriger Dichte), sodass diese Version bei fast gleichen Entwicklungskosten keine Vorteile gegenüber der „Venus D" offeriert.

Die „Venus F" umgeht nun die Schwierigkeiten, welche die „Venus C" aufweist, indem auch die zweite Stufe eingespart wird. Stattdessen ersetzt eine Stufe mit 16 t kryogenem Treibstoff beide Oberstufen und das AVUM. Der Vorteil ist, dass nun die Probleme mit einem zu langen Träger wegfallen. Zudem gibt es im Stufenadapter zur ersten Stufe genügend Platz für die Expansionsdüse des Vinci Triebwerks. Die Einsparung von zwei Stufen verspricht zudem niedrigere Produktionskosten. Die Trägerrakete würde bei 120 t Startgewicht eine maximale Beschleunigung von 6 g erreichen, etwas höher als bei der Vega mit maximal 5,5 g.

Nach diesen Vorstudien vergab das DLR im Juli 2007 an Astrium ST einen Auftrag mit einem Volumen von 500.000 Euro für eine weitergehende Studie. Ziel war es zu untersuchen, ob das AVUM und der Zefiro 9 Antrieb durch eine Oberstufe ersetzt werden könnten. Die Nutzlast in die Referenzbahn sollte dabei von 1,5 auf mindestens 2 t steigen. Die Vega sollte auch fähig sein, Satelliten des Galileo Navigationssystems zu starten. Untersucht wurde der Einsatz des Aestus Triebwerks sowie seines Nachfolgers Aestus 2 (mit Turbopumpenförderung). Ebenfalls sollte der Einsatz des Vinci Triebwerks auf der Vega evaluiert werden. Das Vinci Triebwerk erhält eine verkürzte Düse, da diese sonst nicht in den Zwischenstufenadapter passt (untersucht wurde ein Flächenverhältnis von 175. Auch ein Flächenverhältnis von 90 wäre denkbar).

Nach 18 Monaten lagen die Ergebnisse vor. Astrium LV untersuchte folgende drei Konfigurationen:

Bezeichnung	B80	B100	C100
Stufe 1	P80	P100 (100 t Treibstoff)	P100 (100 t Treibstoff)
Stufe 2	Zefiro 23	Z40 (40 t Treibstoff)	Z40 (40 t Treibstoff)
Stufe 3	Aestus 2, 8 t Treibstoff	Aestus 2, 6 t Treibstoff	Vinci, 10 t Treibstoff
Nutzlast (700 km SSO)	1.250 kg	1.450 kg	1.967 kg

Obwohl die B100 und C100 Versionen nun auf den größeren Antrieben einer künftigen Vega untergebracht werden sollten, ist die Nutzlast deutlich geringer als die vom SART-Institut berechnete. Astrium setzte höhere Faktoren für die Strukturen an. So hat die Oberstufe für die B100 einen strukturellen Anteil von rekordverdächtigen 29,7%. Die kryogene Oberstufe für die C100 weist einen von 25,5% auf. Dies kostet etwa 1 t Nutzlast. Schuld daran soll der hohe Schub des Z40 Antriebs sein, der eine Spitzenbeschleunigung von 6,8 g erzeugt, und die damit verbundenen hohen strukturellen Belastungen.

Vom Juli 2009 bis Juni 2011 lief die VENUS-II Studie. In ihr sollte Astrium untersuchen, ob durch Einsatz von CFK Werkstoffen doch eine Oberstufe mit flüssigen Treibstoffen möglich ist, die eine höhere Nutzlast offeriert. Der Fokus liegt nun auf einer Oberstufe mit lagerfähigen Treibstoffen, nicht mehr auf dem Einsatz von kryogenen Treibstoffen. Die Venus II Studie geht von vorneherein von dem Einsatz der P100 und Z40 Stufe aus.

Das Ergebnis war, dass eine Oberstufe mit lagerfähigen Treibstoffen mit akzeptabler Trockenmasse gebaut werden kann, wenn der Treibstoff in einem kugelförmigen Tank von 2,19 m Durchmesser untergebracht ist. Dieser ist wiederum durch einen Zwischenboden unterteilt. Der kugelförmige Tank erlaubt es die Strukturmasse stark zu reduzieren, da er am Äquator am Stufenadapter befestigt wird. Das Triebwerk hängt am Tank. Nach der Zündung verbleibt der Stufenadapter an der Z40, wodurch dessen Masse entfällt. Der Tank kann rund 5,4 t Treibstoff aufnehmen. Als Antrieb wurde das Aestus 2 in einer leicht modifizierten Variante mit einem Expansionsverhältnis von 280 selektiert. Die folgende Tabelle führt die wesentlichen Daten dieser L5.4 Stufe auf, verglichen mit der L1.7 für die ebenfalls untersuchte vierstufige Vega Variante. Für diese müsste ein neues Triebwerk mit der Bezeichnung BERTA entwickelt werden. Die L1.7 kann man als „deutsches AVUM" betrachten, da Schub und Treibstoffzuladung mit dem derzeitigen AVUM vergleichbar sind.

	L5.4	L1.7
Länge mit Stufenadapter:	5,40 m	3,90 m
Durchmesser:	2,60 m	1,90 m
Volumen Treibstofftank:	5,5 m	1,8 m
Treibstoff:	5.400 kg	1.700 kg
Trockenmasse mit Avionik:	978,7 kg	864,5 kg
Antriebssystem:	Aestus II	BERTA
Schub:	55,03 kN	8,09 kN
Flussrate:	16,68 kg/s	2,567 kg/s
Mischungsverhältnis:	2,09	2,0
Lageregelungssystem:	Vega-RACS (Hydrazin/Stickstoff)	
Druckgas:	Gasförmiges Helium	
Stufenadapter:	335,4 kg	121 kg
Nutzlastverkleidung:	579,1 kg	562,2 kg
Länge Nutzlastverkleidung:	7,90 m	

Hier die wesentlichen Daten der beiden Triebwerke.

	Aestus II	BERTA
Schub:	55,03 kN	8,09 kN
Ausströmgeschwindigkeit:	3300 m/s	3150 m/s
Brennkammerdruck	60 bar	15 bar
Treibstoffförderung:	Turbopumpe	Druckförderung
Länge des Triebwerks:	2,171 m	1.194 m
Düsenmündungsdurchmesser:	1,361 m	0,649 m
Gewicht:	139 kg	30,2 kg
Expansionsverhältnis der Düse:	280	Etwa 110
Lebensdauer:	2.500 s, 20 Starts (maximal 5 bei Vega benötigt)	
Treibstoff:	NTO/MMH 2.09:1	NTO/MMH 2.0:1

Diese Variante würde bei einer Startmasse von 162,4 bis 163,2 t etwa 2.200 kg in den Vega-Referenzorbit und 3.100 kg zur ISS bringen. Das sind 1,35 bis 1,9% der Startmasse. Berücksichtigt man das größere Startgewicht, so sind es beim Referenzorbit rund 300 kg mehr, also ein Sechstel der Vega-Nutzlast. Dieser Träger weist aber eine sehr hohe Spitzenbeschleunigung von 6,6 g durch den Z40 Antrieb auf. Satelliten sind normalerweise nicht für so hohe Belastungen ausgelegt.

Die zweite Konfiguration geht davon aus, dass die Vega erst einmal nicht erweitert wird, nutzt also die schon existierenden Stufen P80 FW, Z23 und Z9A. Untersucht wurde nur der

Ersatz des ukrainischen Triebwerks im AVUM durch ein Triebwerk von Astrium ST. Verschiedene Untersuchungen führten dazu, dass ein Triebwerk mit 8 KN Schub die optimalste Lösung wäre. Dieses hypothetische Triebwerk wurde „BERTA" getauft. (**Bi**-Ergol **R**aum-**T**ransport **A**ntrieb). Die Stufe würde das AVUM ersetzen. Auch bei Einsatz eines sphärischen Tanks wäre die Strukturmasse hoch. So resultiert nur ein kleiner Nutzlastgewinn von rund 160 kg. Dieser niedrige Wert resultiert vor allem aus der Tatsache, dass wenig Treibstoff unter 26,3 bar Druck gelagert wird. Der Tankdruck muss bei Druckförderung höher als der Brennkammerdruck sein. Das macht die Stufe schwer.

	P80 FW / Z23 / Z9A / L1.7	P100 / Z40 / L5.4
Trennung von der ersten Stufe:	108,5 s	110 s
Trennung von der zweiten Stufe:	187,8 s	203,4 s
Abtrennung Nutzlastverkleidung	204,7 s	218,4 s
Trennung von der dritten Stufe:	302,7 s	
VENUS erste Zündung	317,7 s	220 s
VENUS Brennschluss 1	925,4 s	534,8 s
VENUS zweite Zündung	2157,4 s	2809,8 s
VENUS Brennschluss 2	2208,9 s	2819,0 s
Spitzenbeschleunigung:	4,4 g	6,6 g

Die Studien für ein „deutsches AVUM" muss man unter der Prämisse sehen. Das Deutschland der Vega keine Marktchancen einräumte und auf russische Träger setzte, mit denen auch zahlreiche deutsche Satelliten gestartet wurden. Die Abhängigkeit von der Ukraine gilt als Vorwand für eine deutsche Stufe. In der Praxis gab es keine Probleme das Triebwerk für die AVUM selbst nach der Ukrainekrise zu beziehen. Zudem hätte man bei den wenigen Starts pro Jahr ohne Problem einen Vorrat für einige Jahre einlagern können. Die Abhängigkeit ist wesentlich kleiner als die der USA, bei denen russische Triebwerke die Atlas V und Antares antreiben, und zwar die Hauptstufe.

Sollte es Probleme mit der Lieferung des RD-861 geben, so gäbe es als „schnelle" Lösung immer noch die Möglichkeit einen Apogäumsantrieb einzusetzen. Derartige Triebwerke werden von Airbus Space and Defence in Ottobrunn gefertigt. Sie haben aber nur 400 N Schub. Der Autor hat für das Referenzprofil einer 700-km-Kreisbahn durchgespielt. Es sind dann zwei Zündungen im Apogäum nötig, weil das Triebwerk zu wenig Schub hat. Doch schon nach dem ersten Manöver liegt der erdnächste Punkt in rund 400 km Höhe, die Nutzlast kann also nicht verglühen. Das gilt auch für höhere Bahnen, auch wenn er dann auf bis zu 260 km Höhe absinkt und eventuell sogar drei Zündungen nötig sind. Nutzt man den Spielraum der Kunden garantiert wird (±15 km in der Bahnhöhe) voll aus, so reicht bei niedrigen Erdumlaufbahnen von 400 bis 700 km Höhe auch eine einzige Zündung. Die Bahn ist dann allerdings etwas elliptischer als beim Einsatz des RD-861.

Die Entscheidung über ein „Vega Evolution Programm" mit dem Ziel die Leistung der Vega zu steigern, wurde von der ESA vor der Ministerratskonferenz 2008 in Den Haag zurückgezogen. (Ursprünglich wurde um die Genehmigung von 160 Millionen Euro für dieses Projekt gebeten). Stattdessen kam die Vorlage für die Verlängerung des VERTA Programms und das Vega Slice-3 Programm. Das derzeitige VERTA-Programm umfasst nur noch die Entwicklung der VESPA, aber keine Weiterentwicklung der Vega.

Nicht untersucht wurde der Einsatz des Zefiro 16 Antriebs. Dabei wurde dieser schon entwickelt und dreimal getestet. Er ist kompakt und würde die Rakete nur um 5 m verlängern. Ein Ersatz des Zefiro 9A durch den Zefiro 16 ist wegen der hohen Beschleunigungsspitze nicht ratsam. Er würde die Nutzlast sogar um 200 kg absenken. Doch als zusätzliche Stufe (P80-Z23-Z16-Z9-AVUM) könnte der Zefiro 16 eingesetzt werden. Er würde nach Berechnungen des Autors die Nutzlast um ein Drittel auf 2.000 kg in den Referenzorbit angeben. Die Tabelle gibt die Nutzlast in den Vega Referenzorbit für verschiedene Konfigurationen wieder. Sie wurde vom Autor aufgrund der Stufendaten berechnet oder aus Studien übernommen.

Booster	Erste Stufe	Zweite Stufe	Dritte Stufe	Vierte Stufe / AVUM	Nutzlast
-	P80	Z23	Z9	AVUM	1.500 kg
-	P80	Z23	Z9A	AVUM	1.563 kg
-	P100	Z40	Z9A	AVUM	1.720 kg
-	P80	Z23	Z9A	L1.7	1.883 kg
-	P80	Z23	Z16	Z9A + AVUM	2.000 kg
-	Z100	Z40	Z9	AVUM	2.000 kg
-	Z100	Z40	L5.4	-	2.350 kg
-	Z100	Z40	H16	-	3.400 kg
-	Z100	H16	-	-	1.600 kg
-	Z100	Z40	CH10	-	2.400 kg
4 × Z23	Z100	Z40	Z9	AVUM	2.500 kg
4 × Z23	Z100	Z40	H16	-	4.100 kg

- CH10: LOX/Methan-Stufe, 11,9 t Start- und 1,9 t Trockenmasse (16% Strukturgewicht), spezifischer Impuls 3532 m/s.

- H16: LOX/LH2-Stufe, 20 t Start- und 4 t Trockenmasse (20% Strukturgewicht), spezifischer Impuls 4520 m/s, Vinci Triebwerk mit verkürzter Düse.

- Z40: Stufe mit demselben Startgewicht-/Leerverhältnis und spezifischen Impuls wie der Zefiro 23 Antrieb, aber 40 t Treibstoff; Vollgewicht: 43.300 kg, Trockengewicht: 3.300 kg, spezifischer Impuls: 2824 m/s, Durchmesser 2,60 m.

- P100: Stufe mit denselben Startgewicht-/Leerverhältnis und spezifischen Impuls wie der P80 Antrieb, aber 100 t Treibstoff; Vollgewicht: 108.280 kg, Trockengewicht: 8.280 kg, spezifischer Impuls: 2745 m/s.

- Z16: Vollmasse: 17.310 kg, Trockenmasse 1.310 kg, spezifischer Impuls 2839 m/s. Durchmesser 1,90 m, Länge 4,12 m.

VEnUS: Vega Electric Upper Stage

Neben den großen Erweiterungen, also dem Ersetzen ganzer Stufen untersucht die ASI auch kleine Lösungen. Eine davon ist VEnUS. Venus ist ein zusätzliches Antriebsmodul, das mit der Nutzlast in einen Orbit gebracht wird. Es setzt keine chemischen Triebwerke ein, sondern Ionentriebwerke. Ionentriebwerke verdampfen ein Arbeitsmedium (hier Xenongas), ionisieren das Gas, wodurch es zu einem Plasma wird, und beschleunigen die Atomrümpfe durch Hochspannung. Dafür liegt zwischen Freisetzung des Plasmas und Austritt des Triebwerks eine hohe Spannungsdifferenz an und das elektrische Feld beschleunigt die Ionen auf hohe Geschwindigkeiten.

Ionentriebwerke erreichen hohe Strahlgeschwindigkeiten von typisch 30 bis 45 km/s, also zehnmal höher als bei chemischen Triebwerken. Der Treibstoffverbrauch ist daher erheblich kleiner. Der Hauptnachteil ist, dass die gesamte Energie nicht im Treibstoff selbst steckt, sondern vom Satelliten aufgebracht werden muss. Dies ist sehr viel, weil die Energie quadratisch mit der Geschwindigkeit ansteigt, für eine zehnmal höhere Geschwindigkeit als bei chemischem Treibstoff, man also die hundertfache Energie benötigt.

Ionentriebwerke werden seit den Sechziger Jahren erforscht und sporadisch eingesetzt. Erst seit rund zehn Jahren werden sie aber auch für den Antrieb und nicht nur zur Lageregelung genutzt. Die Raumsonde DAWN erreicht mit einem Ionenantrieb die Asteroiden Vesta und Dawn. Dafür musste sie die Geschwindigkeit um 11 km/s ändern, das ist mehr als die Vega mit allen Stufen zusammen erreicht. Seit 2015 werden auch Kommunikationssatelliten gestartet, die einen Ionenantrieb anstatt eines chemischen Antriebs nutzen. VEnUS ist nun ein Vorschlag für den Einsatz auf der Vega. VEnUS soll vor allem das Einsatzspektrum der Vega

verbreitern. Durch die Auslegung mit drei festen Stufen und relativ geringen Treibstoffvorrä-
ten im AVUM kann die Vega keine höheren Kreisbahnen erreichen. Ebenso wenig sind
Fluchtbahnen möglich. Für LISA-Pathfinder wurde daher ein in der Raumsonde integrierter
Antrieb zusätzlich eingesetzt. Mit VEnUS könnte die Vega auch höhere Kreisbahnen oder
Ziele im Sonnensystem erreichen.

VEnUS besteht aus folgenden Hauptkomponenten:

- Vier Hochdrucktanks zu je 133 l für das Xenon-Druckgas. Jeder Tank wiegt 27 kg
  und fasst 155 kg Xenon. Für bestimmte Missionen ist eine Erweiterung auf acht
  Tanks möglich.

- Zwei HAL-Effekt-Ionenantriebe mit je 5 kW Leistung. Es wird nur einer als Antrieb
  benötigt. Der zweite ist ein redundantes Triebwerk.

- Zwei kleinere Bündel von je drei Ionentriebwerken zur Lageregelung.

- Zwei kreisrunden Solarzellenarrays von jeweils 5 m Durchmesser, einer Fläche von
  17,5 m² pro Flügel bei einem Gewicht von 30 kg. Die beiden Arrays liefern zu Missi-
  onsbeginn 12,5 kW Leistung, bedingt durch die Passage des Van Allen Strahlungs-
  gürtels, sinkt die Leistung um 30% zu Missionsende ab.

Dazu kommen noch die Subsysteme für die Bereitstellung der Hochspannung, Leitungen,
Ventile und Steuerung des Treibstoffflusses. Die Zielkosten von VEnUS sollen 10% der Vega
Startkosten betragen. Die ASI hat folgende Szenarien für VEnUS skizziert:

Szenario	Bahnele- mente	Anwen- dung	Startorbit	Venus Tro- ckenmasse	Treibstoff	Nutzlast	Missions- dauer
MEO	8062 km × 0 Grad	O3B	300 km × 5,2 Grad	681 kg	421 kg	1.467 kg	7,6 Monate
MEO	23.222 km × 56 Grad	Galileo	300 km × 56 Grad	681 kg	535 kg	1.048 kg	7,7 Monate
GEO	35.786 km × 0 Grad	Telekomm	860 km × 5,2 Grad	681 kg	551 kg	944 kg	7,9 Monate
Sonne-Erde L1	1.491.110 km	Wissen- schaft	300 km × 5,2 Grad	786 kg*	919 kg	834 kg	19,4 Monate
Mond-Erde L1	326.970 km	Telekomm	300 km × 5,2 Grad	786 kg*	847 kg	907 kg	18 Monate
NEA	2.047.990	Wissen-	300 km ×	786 kg*	935 kg	819 kg	19,8

Szenario	Bahnele-mente	Anwen-dung	Startorbit	Venus Tro-ckenmasse	Treibstoff	Nutzlast	Missions-dauer
	km	schaft	5,2 Grad				Monate
Galileo Deorbit	23.222 km × 56 Grad	Galileo	300 km × 56 Grad	981 kg**	490 kg		18 Monate

* : zusätzliche Treibstofftanks nötig

**: Mit Andocksystem

Die Tabelle enthält zahlreiche Szenarien, doch vergleicht man sie mit konkreten Missionen, so bleiben nur zwei Einsätze übrig. Der eine ist der für die geplante PROBA3 Mission. PROBA3 ist ein Satellit, bei dem zwei Einzelsatelliten in Formation fliegen. Sie sollen 2018 in eine elliptische Bahn, die sich von 600 bis 60.000 km ins All erstreckt, gestartet werden. PROBA3 wird 540 kg wiegen und wäre mit VEnUS transportierbar. Allerdings würde dies wahrscheinlich auch die Vega ohne VEnUS schaffen. Das Zweite ist der Start von Galileo-Ersatzsatelliten. Galileo besteht aus 24 aktiven Satelliten in drei Bahnebenen. Es soll pro Bahnebene einen Ersatzsatelliten geben. Doch wenn zwei Satelliten ausfallen, muss für Ersatz gesorgt werden. Mit VEnUS kann die Vega einen Ersatzsatelliten transportieren.

Bei allen Missionen auffällig ist die lange Betriebsdauer: Sie beträgt Monate oder Jahre. Das ist der größte Nachteil von Ionentriebwerken: Sie haben nur einen geringen Schub und müssen daher sehr lange betrieben werden. Da dabei der Van-Allen-Gürtel über Monate passiert wird, bzw. zeitweise die Bahn komplett im Gürtel verläuft, hat man bisher noch keine Nutzlast von einem niedrigen Erdorbit mit Ionentriebwerken in einen hohen Orbit hochspiralt, aus Angst vor Strahlenschäden bei der Nutzlast. Raumsonden wurden chemisch in eine Sonnenumlaufbahn gebracht und setzten erst dort die Ionentriebwerke ein. Kommunikationssatelliten gelangten in einen normalen GTO-Orbit und nutzten Ionenantriebe nur um die Bahn zu zirkularisieren. Der Verlust von 30% der elektrischer Leistung durch die Solarpaneele hat auch als Ursache die Strahlenschäden im Van-Allen-Gürtel.

Der Autor hält VEnUS für eine interessante Möglichkeit. Doch die bisherigen Erfahrungen mit dem Einsatz von Ionentriebwerken sprechen eher dafür, dass VEnUS nicht umgesetzt wird. Das Konzept ist zudem verbesserungswürdig. So haben die Solarpaneele 12,5 kW Anfangsleistung, doch es wird nur ein Triebwerk mit 5 kW Leistung eingesetzt. Wahrscheinlich wird der Strom in Batterien zwischengespeichert, um das Triebwerk auch auf der Nachtseite einzusetzen. Betreibt man dagegen zwei Triebwerke nur auf der Sonnenseite, so ist in 4,4 Monaten der Galileo-Orbit erreicht, also in fast der halben Flugdauer.

Mini-Vega

Abbildung 51: Der Vega Startplatz könnte auch die Mini-Vega aufneh-men. Hinten links der Ariane 5 Startplatz ELA-3. © des Fotos: ESA

Technisch umsetzbar wäre die Mini-Vega, die in einem CNES-Papier über Möglichkeiten der Weiterentwicklung europäischer Raketen auf-taucht. Sie ist eine Vega ohne die erste Stufe. Ohne die P80 Stufe würde die 48,6 t schwe-re Rakete nur eine Nutzlast von 300 – 400 kg aufweisen. Sie wäre relativ einfach zu bauen, da die anderen Stufen unverändert übernom-men werden können. Notwendig wäre nur eine Anpassung der Startplattform. Theore-tisch wäre sie, auch von einem Flugzeug aus ab-werfbar. Doch dürfte dies, da mit dem CSG schon ein Startgelände in geografisch günstiger Position vorhanden ist, keine Option sein. Die Kosten für den Umbau eines Trägerflugzeugs wären weit höher als die für einen höheren Start-

tisch, der den Start von der Vega Startrampe aus erlauben würde. Auf Basis der Vega C könnte die Mini Vega 300 kg für 15-20 Millionen Euro in einen SSO transportieren Der günstigere Weg, Satelliten dieser Gewichtsklasse zu transportieren, dürfte der Einsatz der VESPA auf der Vega und Mehrfachstarts sein. Die Mini Vega würde sich nur für ganz kleine Nutzlasten wie Cubesats und Microsatelliten eignen und konkurriert in diesem Segment mit der Electron und LauncherOne die deutlich preiswerter sind.

Vega C

Von den verschiedenen beschriebenen Szenarien wurde nur eines umgesetzt, das einer größeren Erststufe. Während bei den Weiterentwicklungsszenarien durch Verlängern des P80 die P100 resultierte, wird die Vega C eine neue erste Stufe mit 120 t Treibstoff erhalten. Dieser P120 Booster ist der gleiche Booster wie bei der Ariane 6. Er hat einen größeren Durchmesser von 3,5 m, ist aber nur wenig länger als der P80. Die Treibstoffmasse von 124 t muss sich nach den Anforderungen der Ariane 6 richten.

Die Vega C (C = Consolidated, konsolidiert, da nun die Produktion der ersten Stufe mit den Boostern der Ariane 5 kondoliert ist) sollte schon 2018 ihren Erstflug absolvieren. Verzögerungen bei der Definition der genauen Konfiguration von Ariane 6 haben den Erstflug auf Mitte 2019 rutschen lassen. Die Fertigungskosten der Vega sollen unverändert sein, da die neue P120 Erststufe durch die Synergie mit den Ariane 6 Boostern eine höhere Stückzahl erreicht. Die Nutzlast wird mindestens 1.800 kg in den Referenzorbit betragen, man rechnet bei Avio mit 2.000 kg. Ein Sprecher von Avio sprach sogar von 50% mehr Nutzlast, das wären 2.200 kg. Dies schließt aber wahrscheinlich den Zefiro 40 Antrieb mit ein, denn bei Einsatz dessen sprechen Dokumente von 700 kg Nutzlastgewinn. Nach Berechnungen des Autors käme eine Vega C auf 1.947 kg Nutzlast in den Referenzorbit bei gleicher Zielgeschwindigkeit wie die Vega. Aus den Daten für VEnUS kann man eine Nutzlast von 2.570 kg in einen 300 km hohen äquatorialen Orbit errechnen.

Der Entwicklungsauftrag hat ein Volumen von 395 Millionen Euro und schließt einen Entwicklungs- und einen Qualifikationstest des Boosters und einen Qualifikationsflug mit ein. Durch die gemeinsame Nutzung entfallen von den reinen Entwicklungskosten des P120C 48% auf die Vega und 52% auf die Ariane 5. So sind die Gesamtkosten größer als die 395 Millionen Euro. Nur für den P120C alleine (ohne Tests und Qualifikationsstart) spricht die ESA von 715 Millionen Euro. Damit steht 2021 für den ersten Ariane 6 Start schon eine eingeführte Stufe zur Verfügung. Der P120C wird anders als die P80FW Stufe auch außerhalb von Italien gefertigt werden. Deutschland konnte bei der ESA durchsetzen, das Augsburg (früher Sitz von MAN, später MT Aerospace, heute Bestandteil von OHB) 35% der Stufen fertigt. Dort werden derzeit die Ariane 5 Boostergehäuse gefertigt und damit wird der Standort erhalten. Da zwei Produktionsstätten teurer sind als eine, versprach das DLR, dass man dort neue Fertigungsmethoden erproben will, die man dann auch in der Hauptfertigung in Italien einsetzen könne. Sie sollen die Fertigung weiter verbilligen.

Bei der Vega-C soll auch das AVUM mehr Treibstoff aufnehmen. Obwohl nun die deutsche L1.7-Stufe als Alternative wieder im Spiel wäre, hat sich auch diesmal nicht Deutschland an der Vega beteiligt.

P120C SRM	
Gewicht mit Treibstoff:	135.860 kg
Trockenmasse:	11.100 kg
Maximaler Betriebsdruck:	105 bar
Durchmesser:	3,40 m
Länge:	11,70 m
Oberer Anschlussdurchmesser:	1,00 m
Unterer Anschlussdurchmesser:	1,60 m
Düse Minimaldurchmesser:	0,571 m
Düse Abschlussdurchmesser:	2,175 m
Düsenmündungsfläche:	3,715 m²
Düse Entspannungsverhältnis:	14,56
Betriebszeit mit Schub >150 kN	132,9 s
Gesamtimpuls:	368,9 MN
Mittlerer spezifischer Impuls	2374 m/s (Meereshöhe) 2721 m/s (Vakuum)
Startschub:	3.500 kN
Mittlerer Schub:	2.686 kN

Nach der Vega C könnte die Vega E kommen. Das E steht für „Evolution" analog zur letzten Ariane 5 Version. Für sie werden zwei Ausbaumöglichkeiten untersucht:

Der Ersatz des Zefiro 23 durch einen Zefiro 40 mit 33 (nein nicht 40) t Treibstoff. Der Zefiro 40 Antrieb wird neue Technologien einsetzen, die eine preiswertere Produktion versprechen, aber auch höhere Leistungen ergeben. So arbeitet er mit 110 Bar Brennkammerdruck (Zefiro 23: 95 Bar) und hat eine Brennzeit von 100 s (Zefiro 23: 87 s). Die Düse hat ein größeres Flächenverhältnis von 37 (Zefiro 23: 27). Das steigert den spezifischen Impuls. Das Zefiro 40 Entwicklungsprogramm startete 2011 und wurde von Avio alleine finanziert. Bis 2016 soll es soweit abgeschlossen sein, dass die ESA über eine Umsetzung entscheiden kann.

Neben der Nutzlaststeigerung durch eine größere Düse mit höherem spezifischem Impuls hat der Zefiro 40 weitere Vorteile. Durch die längere Brenndauer verkürzt sich die rund 60 s lange Freiflugphase zwischen Brennschluss des Z23 und Zündung des Z9 bei der Vega. Dies steigert die Nutzlast, da während solcher Freiflugphasen die Geschwindigkeit absinkt.

Z40NS	
Gewicht mit Treibstoff:	36.239 kg
Trockenmasse:	3.028 kg
Maximaler Betriebsdruck:	115 bar
Durchmesser:	2,40 m
Länge:	6,10 m
Oberer Anschlussdurchmesser:	0,60 m
Unterer Anschlussdurchmesser:	1,06 m
Düse Minimaldurchmesser:	0,28 m
Düse Abschlussdurchmesser:	1,72 m
Düsenmündungsfläche:	2,32 m²
Düse Entspannungsverhältnis:	37
Betriebszeit mit Schub >150 kN	92,9 s, Gesamtbrennzeit ~ 100 s
Gesamtimpuls:	103,6 MN
Mittlerer spezifischer Impuls	2402 m/s (Meereshöhe) 2878 m/s (Vakuum)
Mittlerer Schub:	1.115 kN

Der größere Durchmesser von 2,40 m (Z23: 1,90 m) macht den Anschluss von Stufen mit größeren Düsen (Mira oder kryogene Stufen) einfacher. Der größere Durchmesser bedeutet auch, das P120 und Z40 in etwa gleich lang, wie die Vorgänger sind. So sind keine bzw. nur minimale Änderungen an der Startbasis nötig. Nach Berechnungen des Autors müsste eine Vega E mit P120 und Z40 eine Nutzlast von 2.284 kg für den Referenzorbit haben. Eine Vergrößerung der Nutzlasthülle auf 3 m Durchmesser wird ebenfalls erwogen.

Der Vorteil der höheren Leistung liegt in der Mehrfachstartfähigkeit. Die Einzelstartnutzlast der Vega ist schon sehr hoch. Mit der Vespa und den Treibstoffvorräten kann die Vega E zwei mittelschwere Nutzlasten in ähnliche Orbits absetzen z. B. in 700 und 800 km Höhe. Auch beim Zefiro 40 sind die Produktionskosten des Zefiro 23 anvisiert. So könnte die Vega E für den Preis der Vega 50% mehr Nutzlast befördern.

Die Oberstufe und das AVUM sollen später durch die schon besprochene Lyra-Oberstufe ersetzt werden. 2014 begann Avio zusammen mit einem russischen Partner mit ersten Tests des Mira-Triebwerks. Es soll bis 2023 qualifiziert sein. Für den Transport zur ISS in 400 km Höhe, 51,6 Grad Inklination gibt es eine Nutzlastangabe: Hier liegt die Nutzlast bei 4.200 kg. Es bleibt die Problematik der Abhängigkeit von einem Nicht-ESA-Mitgliedsstaat.

Im Gegensatz dazu wird vor allem von Deutschland der Ersatz des ukrainischen RD-861G durch ein europäisches Triebwerk, vorzugsweise das BERTA-Triebwerk angestrebt. Dieses würde allerdings die Nutzlast nicht steigern. Die Einbeziehung Deutschlands als zweitgrößtem Finanzier der ESA ist aber ein strategisches Ziel der ESA. Es geht nicht darum, die Rakete zu verbessern oder Startkosten zu senken (beides ist nach den bisherigen DLR-Studien von einer deutschen Stufe nicht zu erwarten). Aufgrund dieses Ziels sieht der Autor die Wahrscheinlichkeit, dass man sich für die Mira-Oberstufe entscheidet, als gering an. Sie erfordert höhere Investitionen, Deutschland ist wiederum außen vor und Italien müsste sich noch stärker finanziell engagieren müssen.

Das ESA-Konziel beschloss am 2.12.2016, dass weitere Vorarbeiten für die Vega-E finanziert werden, mit dem Ziel beim nächsten Treffen über die eigentliche Entwicklung zu beraten. Ebenso werden Aktivitäten für die Verfolgung des VEnUS Konzepts finanziert. Beschlossen wurde auch das Light Satellite, Low-cost Launch (L3) Programm, das die Position der Vega und Ariane 6 bei dem Transport von Mikrosatelliten (<500 kg) stärken soll.

Mira-F Triebwerk	
Schub:	98 kN
Spezifischer Impuls:	3.570 m/s
Mischungsverhältnis LOX zu LNG:	3,4
Brennkammerdruck:	3 bar
Temperatur LOX-Tank:	90 K
Temperatur Methan-Tank:	110 K
Gewicht Triebwerk:	280 kg
Düsenmündungsdurchmesser:	1,30 m
Triebwerkslänge:	1,90 m

Inzwischen spricht Avio von einer weiteren Version, „Vega C Plus" mit noch unbekannten Leistungsdaten.

Typenblatt Vega C

<table>
<tr><th colspan="2" align="center">Typenblatt Vega C</th></tr>
<tr><td>Länge:
maximaler Durchmesser:
Startgewicht:</td><td>34,00 m
3,00 m
200.000 kg</td></tr>
<tr><td>Einsatzzeitraum:</td><td>2019 -</td></tr>
<tr><td>Starts:</td><td>0</td></tr>
<tr><td>Zuverlässigkeit:</td><td></td></tr>
<tr><td>Nutzlast:</td><td>2.570 kg in einen 300 km hohen äquatorialen Orbit.
1.800 – 1.950 kg in einen 700 km hohen polaren Orbit.</td></tr>
<tr><th colspan="2" align="center">Stufe 1: P120C</th></tr>
<tr><td>Länge:
Durchmesser:
Startgewicht:
Leergewicht:
Schub:
Brenndauer:
Treibstoff:
Spezifischer Impuls:</td><td>11,70 m (ohne Stufenadapter)
3,40 m
135.860 kg (ohne Stufenadapter)
11.100 kg (ohne Stufenadapter)
2686 kN (Mittell) 3500 kN (beim Start)
132,9 s
Ammoniumperchlorat/Aluminium/HTPB
2721 m/s (Vakuum) 2374 (Meereshöhe)</td></tr>
<tr><th colspan="2" align="center">Stufe 2: Z23</th></tr>
<tr><td>Länge:
Durchmesser:
Startgewicht:
Trockengewicht:
Triebwerk:
Schub:
Brenndauer:
Treibstoff:
Spezifischer Impuls:</td><td>7,50 m (8,39 m mit Stufenadapter 2 → 3)
1,90 m
26.300 kg
2.486 kg
Zefiro 23
1.120 kN (maximal) 900 kN (Durchschnitt)
77,1 s
Ammoniumperchlorat/Aluminium/HTPB
2820 m/s (Vakuum)</td></tr>
<tr><th colspan="2" align="center">Stufe 3: Z9</th></tr>
<tr><td>Länge:
Durchmesser:
Startgewicht:
Leergewicht:
Triebwerke:
Schub:
Brenndauer:
Treibstoff:
Spezifischer Impuls (Vakuum)</td><td>3,85 m (4,12 m mit Stufenadapter 3 → AVUM)
1,90 m
12.000 kg
1.433 kg
Zefiro 9A
317 kN (maximal) 225 kN (Durchschnitt)
119,6 s
Ammoniumperchlorat/Aluminium/HTPB
2902 m/s</td></tr>
</table>

AVUM	
Länge:	1,74 m (2,04 m mit Nutzlastadapter)
Durchmesser:	2,18 m
Gewicht:	1.069 kg (1.237 kg mit Stufenadapter)
Leergewicht:	494 kg (688 kg mit Stufenadapter)
Triebwerk:	RD-869
Schub:	2,45 kN
Brenndauer:	< 667 s
Spezifischer Impuls (Vakuum)	3084 m/s

Nutzlasthülle	
Länge:	7,88 m
Durchmesser:	2,60 m
Volumen:	20 m³
Gewicht:	540 kg

Doppelstartstruktur VESPA	
Höhe:	2,87 m
Durchmesser:	2,38 m
Maximale Nutzlast:	600 kg
nutzbarer Innendurchmesser:	2.105 m
Gewicht:	250 kg

Nutzlastadapter	
PLA 937 VG	0,937 m Abschlussdurchmesser 1,461 m Höhe 77 kg Gewicht
PLA 1194 VG	0,937 m Abschlussdurchmesser 1,072 m Höhe 78 kg Gewicht

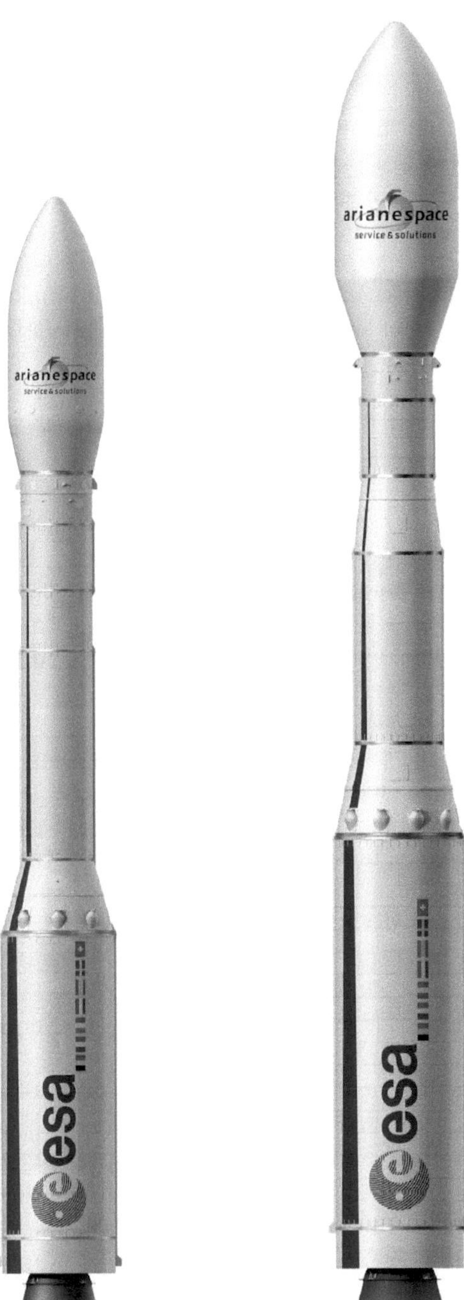

52. Abbildung: Die Vega C (rechts) im Größenvergleich mit der Vega © ESA - D. Ducros, J. Huart

Die Lücke zwischen der Vega und Ariane 5

Nach der Ausmusterung der Ariane 4 fehlt ein Träger für mittelgroße Nutzlasten. Die kleineren Modelle der Ariane 4 waren ausreichend für den Transport von Satelliten in erdnahe oder sonnensynchrone Bahnen. Ohne diese klafft eine Lücke. So transportierte die letzte Ariane 5 GS den 4,2 t schweren Helios 2B in einen sonnensynchronen Orbit – er war so leicht, dass sogar Ballast mitgeführt werden musste, um zu verhindern, dass auch die EPC eine Umlaufbahn erreicht. Die Ariane 5 hätte eine mehr als doppelt so hohe Nutzlast transportieren können. Es gab es wegen der militärischen Natur des Satelliten für Frankreich keine Alternative zu dem Start. Er musste von einer sicheren Startbasis auf eigenem Boden aus gestartet werden, um Spionage oder Sabotage zu verhindern.

Es gab Studien für die Nutzung von Ariane 5 und Vega Komponenten für eine Trägerrakete im Bereich zwischen beiden Modellen, also zwischen 2,5 und 18 t LEO-Nutzlast. Schon 1990 machte sich die CNES Gedanken über eine „Ariane Light“. Gedacht war an zwei Konfigurationen:

- ALD-P: bestehend aus den Stufen P85, P30 und L6. Nutzlast 1.000 kg in einen 1.000 km hohe polare Umlaufbahn.
- ALD-S: bestehend aus den Stufen P230, P85, P30 und L6. Nutzlast 3.500 in einen 800 km hohen sonnensynchronen Orbit.

Dies ergab maximale Synergien mit der Ariane 5 Produktion. Die P230-Stufe entsprach den damals geplanten Ariane 5 EAP, die P85-Stufe einem verkürzten EAP-Segment. Die Füllung der P85 war sternförmig, für einen konstanten, aber kurzen, Schub. Der Düsenhals wäre von 0,9 auf 0,6 m Durchmesser verkleinert worden, um den Schub zu verringern. Der P30 Antrieb wäre neu zu entwickeln gewesen. Er sollte erstmals die Herstellung aus Graphitfasern erproben. Um das Risiko zu begrenzen, wurde der Brennkammerdruck auf 60 bar begrenzt (die Vega erreicht 97 bar). Die Düse sollte wie bei den Ariane 5 Boostern noch aus Stahl gefertigt und hydraulisch bewegt werden. Die L6 Stufe entsprach der damaligen Planung für die EPS-Stufe. Sie wurde später verworfen, weil sie zu hohe Herstellungskosten verursachte.

Die ESA verfolgte ab 1993 weitere Studien für eine mittelgroße Trägerrakete. Anders als die CNES setzte sie nicht auf die Ariane 5 EAP als erste Stufe. Stattdessen sollten zwei neue Stufen mit der Bezeichnung P50 und P7 entwickelt werden. Zwei P50 Antriebe bilden die erste und zweite Stufe und der P7 Antrieb die Dritte. Deren Technologie lag zwischen der späteren Vega und der Ariane 5. Diesmal sollten Düse und Gehäuse schon aus Kohlefaserverbundwerkstoffen bestehen, die Treibstoffmischung der Ariane sollte aber weiter verwendet werden. Durch einen hohen Brennkammerdruck von 97 und 110 Bar sollten hohe spezifische Impulse erreicht werden.

Typenblatt „Ariane 5 Light"	
Abmessungen: Startgewicht:	> 47 m Höhe, 3,05 m Durchmesser 120 und > 390 t
Nutzlast:	3.500 kg in einen 800 km hohen SSO-Orbit (vier Stufen) 1.000 kg in einen 1000 km hohen polaren Orbit (drei Stufen)
Stufe 1: P230 (ALD-S)	
Länge: Durchmesser: Startgewicht: Leergewicht: Schub: Brenndauer: Treibstoff: spezifischer Impuls:	27,00 m 3,05 m 260.800 kg 30.800 kg 5.440 kN (maximal) 4.000 kN (Durchschnitt) 120 s Ammoniumperchlorat/Aluminium/HTPB 2692 m/s (Vakuum)
Stufe 2: P85 (ALD-P/S)	
Länge: Durchmesser: Startgewicht: Trockengewicht: Schub: Brenndauer: Treibstoff: Spezifischer Impuls:	10,32 m 3,05 m 97.150 kg 12.150 kg 2.334 kN 100 s Ammoniumperchlorat/Aluminium/HTPB 2746 m/s
Stufe 3: P30 (ALD-P/S)	
Länge: Durchmesser: Startgewicht: Leergewicht: Schub: Brenndauer: Treibstoff: Spezifischer Impuls (Vakuum)	4,62 m 3,05 m 32.500 kg 2.500 kg 664 kN 125 s Ammoniumperchlorat/Aluminium/HTPB 2766 m/s
Stufe 4: L6 (ALD-P/S)	
Länge: Durchmesser: Gewicht: Leergewicht: Triebwerk: Schub: Brenndauer: Spezifischer Impuls:	4,50 m 3,55 m 6.000 kg 800 kg 1 × Aestus 20 kN 862 s 3316 m/s

Dieser ESL (European **S**mall **L**auncher) sollte 1 t Nutzlast aufweisen. Die Entwicklungskosten waren für eine Rakete dieser Größe durch zwei neue Antriebe an der technologischen Grenze jedoch relativ hoch. Allerdings hätte durch einen EAP-Booster als erste Stufe mit nur geringem zusätzlichem Aufwand die Nutzlast verdreifacht werden können.

Zuletzt ließ die ESA 1998 untersuchen, wie eine mittelschwere Trägerrakete aus Komponenten von Ariane 5 und Vega entstehen könnte. Es ging vor allem darum, Kosten zu reduzieren. Da alle Komponenten auf schon vorhandenen oder zu entwickelnden Stufen basieren, sollte die Rakete nach ESA-Vorstellungen von den Firmen, die Stufen für die Ariane fertigten, auf eigene Kosten entwickelt werden – Sie haben ein eigenes Interesse daran, ihre Fertigung auszulasten und so auch die Kosten der Ariane 5 niedrig zu halten. Die Produktionsanlagen der Ariane waren für die Produktion von zehn Trägern pro Jahr ausgelegt. Schon damals war aber absehbar, dass Ariane 5 nur ungefähr fünf bis sechsmal pro Jahr starten würde. Ein Träger für größere Erdbeobachtungssatelliten und die zweite Generation von erdnahen Kommunikationssatelliten hätte zumindest die Produktion der Ariane 5 Booster und EPS auf neuneinhalb „Ariane 5-Äquivalente" erhöht. Neben der Stärkung der Marktposition der Ariane hätten die Firmen auch von ESA-Aufträgen profitiert, die dann nicht nach Russland gewandert wären.

Die erste Stufe sollte aus dem Ariane 5-Booster bestehen. Die Zweite entweder aus dem P80 Motor der Vega oder einer modifizierten Ariane 5 ESC-B-Stufe mit einem Durchmesser von 3 m und 25 t Treibstoff. Eine dritte Stufe wäre bei dem Einsatz des P80 Antriebs notwendig. Dafür wäre eine Stufe mit 10 t lagerfähigem Treibstoff (basierend auf dem Aestus 2-Triebwerk) oder eine kryogene mit dem Vinci-Triebwerk und 18 t Treibstoff denkbar.

Typenblatt „ESL"	
Nutzlast:	1.000 kg in einen 700 km hohen sonnensynchronen Orbit (P50 / P50 / P7) 3.500 kg in einen 700 km hohen sonnensynchronen Orbit (P230 / P50 / P7)
Stufe 1: P230	
Länge:	27,00 m
Durchmesser:	3,05 m
Startgewicht:	260.800 kg
Leergewicht:	30.800 kg
Schub:	5.440 kN (maximal) 4.000 kN (Durchschnitt)
Brenndauer:	120 s
Treibstoff:	Ammoniumperchlorat/Aluminium/HTPB
Spezifischer Impuls:	2692 m/s (Vakuum)

Stufe 2: P50	
Länge:	8,23 m
Durchmesser:	2,60 m
Startgewicht:	54.100 kg
Trockengewicht:	4.100 kg
Schub:	1.182 kN
Brenndauer:	120 s
Treibstoff:	Ammoniumperchlorat/Aluminium/HTPB
Spezifischer Impuls:	2825 m/s
Stufe 3: P7	
Länge:	3,23 m
Durchmesser:	1,94 m
Startgewicht:	7.610 kg
Leergewicht:	610 kg
Schub:	149 kN
Brenndauer:	136 s
Treibstoff:	Ammoniumperchlorat/Aluminium/HTPB
Spezifischer Impuls (Vakuum)	2904 m/s

Auch der Triebwerkshersteller Snecma untersuchte eine ähnliche Konfiguration. Snecma kombinierte einen EAP-Booster mit einer P73 Stufe – einer kürzeren Version des damals vorgesehenen P85 Boosters der Vega. Das versprach eine bessere Performance, da bei 73 t Treibstoff das Trockengewicht nur 5,5 t beträgt. Drei mögliche Oberstufen standen zu Wahl:

- Der Zefiro 7A Motor, wie er damals für die Vega vorgesehen: 3.500 – 4.000 kg Nutzlast in den Vega Referenzorbit.

- Eine Oberstufe mit dem Aestus-Antrieb und 15 t Treibstoff: 4.500 – 5.000 kg Nutzlast.

- Eine Oberstufe mit HM-7B Antrieb und 10 t Treibstoff: 5.500 – 6.000 kg Nutzlast.

Der Vorschlag wurde allerdings nicht weiter verfolgt, stattdessen entschieden sich ESA und Arianespace für den Einsatz der Sojus-Rakete von Kourou aus. Da nun der Start von einem französischen Übersee-Departement aus stattfindet, gibt es keine Sicherheitsprobleme beim Start militärischer Satelliten mit dem russischen Träger. Dies war vorher die Haupttriebkraft Frankreichs für die Entwicklung eines Trägers zwischen der Ariane 5 und Vega gewesen, da die Vega für größere Militärsatelliten zu klein ist.

Inzwischen betreibt Italien das Cosmo/Skymed System mit vier 1.900 kg schweren Radar Satelliten für militärische und zivile Erderkundung, Deutschland TerraSAR-X und Tandem-X, ebenfalls Radarsatelliten mit 1.230 kg Startgewicht und Frankreich die 1.000 kg schweren Pleiades Aufklärungssatelliten. Es gäbe daher durchaus Bedarf für einen leistungs-

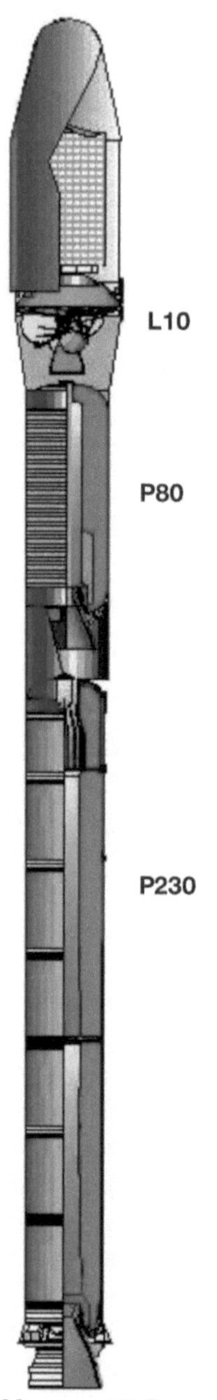

fähigeren Träger. So kommen andere Systeme zum Einsatz: die Dnepr bei TerraSAR und Tandem-X, die Delta bei Cosmo/Skymed und die Sojus bei den beiden Pleiades Satelliten. Der nächste deutsche Radarsatellit SARah wird mit einer Falcon 9 gestartet werden.

Der Start von Galileo-Satelliten ist eine weitere Einsatzmöglichkeit eines kleinen Trägers. Dabei muss dieser allerdings eine deutlich höhere Geschwindigkeit als bei Transporten in den SSO erreichen.

Abbildung 53: Medium Launcher

Abbildung 54: Er konnte die erste Stufe einer neuen Trägerrakete stellen: Ein Ariane 5 EAP Booster © des Fotos: ESA

116

Typenblatt Medium Launcher	
Länge:	52,50 m
maximaler Durchmesser:	3,05 m
Startgewicht:	379.000 kg
Nutzlast:	3.500 – 5.500 kg in einen 700 km hohen SSO-Orbit
Stufe 1 P238	
Länge:	27,00 m
Durchmesser:	3,05 m
Startgewicht:	268.800 kg
Leergewicht:	31.200 kg
Schub:	5.440 kN (maximal) 4.000 kN (Durchschnitt)
Brenndauer:	132 s
Treibstoff:	Ammoniumperchlorat/Aluminium/HTPB
spezifischer Impuls:	2692 m/s (Vakuum)
Stufe 2 P73	
Länge:	10,60 m
Durchmesser:	3,05 m
Startgewicht:	85.350 kg
Trockengewicht:	12.150 kg
Schub:	1.587kN (Durchschnitt)
Brenndauer:	128 s
Treibstoff:	Ammoniumperchlorat/Aluminium/HTPB
spezifischer Impuls:	2775 m/s (Vakuum)
Stufe 3 P7	
Länge:	3,23 m (4,12 m mit Stufenadapter)
Durchmesser:	1,95 m
Startgewicht:	7,615 kg
Leergewicht:	615 kg
Triebwerke:	Zefiro 7
Schub:	280 kN (maximal) 225 kN (Durchschnitt)
Brenndauer:	109,6 s
Treibstoff:	Ammoniumperchlorat/Aluminium/HTPB
Spezifischer Impuls (Vakuum)	2839 m/s
Nutzlastverkleidung	
Durchmesser:	4,20 m
Länge:	10,40 m

Ich habe einmal durchgerechnet, was erreichbar wäre, wenn man die Vega mit einem heutigen EAP-Booster der Ariane 5 kombinieren würde. Die bisherigen Untersuchungen gingen nicht von den Elementen aus, aus denen heute Vega und Ariane 5 bestehen. Die Simulation geht von folgenden Randbedingungen aus:

- Dieselbe Endgeschwindigkeit wie bei der Vega muss erreicht werden.

- Der EAP-Boster hat ein um 3 t höheres Start- und Leergewicht, da er noch Steuerung, Treibstoff für die Rollachsenkontrolle und alle Flüssigkeiten und Gase für die Hydraulik mitführen muss. Bei Ariane 5 sind diese Systeme an der Zentralstufe untergebracht.

- Der spezifische Impuls der P80 FW Stufe steigt auf den Wert der Z23 Stufe durch den Betrieb bei niedrigerem Umgebungsdruck und eine verlängerte Düse an.

- Es wird die größere Nutzlastverkleidung der Sojus-2 (die wiederum von der Ariane 4 stammt) verwendet. Sie wiegt 800 anstatt 490 kg.

Aufgrund dessen, das EAP wie Vega beide rund 30 m hoch sind, ist es sinnvoller die Vega seitlich an den EAP zu montieren. Sonst wird die Rakete zu empfindlich gegenüber aerodynamischen Belastungen.

Die Rakete hat eine mehr als dreimal höhere Nutzlast als die Vega. Sie ist als vierstufiger Träger auch fähig Fluchtbahnen oder GTO-Umlaufbahnen zu erreichen. Die SSO-Nutzlast ist vergleichbar mit der Sojus, die 4,9 t in den SSO transportieren kann. Interessant ist, dass die Nutzlast in den Galileo-Orbit fast ausreicht, zwei Galileo-Satelliten zu transportieren.

Abbildung 55: Die Vega auf der Startrampe – für die Variante mit EAP braucht man eine neue, größere Startrampe © des Fotos: ESA

Typenblatt EAP-Vega

Länge:	31,40 m
maximaler Durchmesser:	3,05 m
Startgewicht:	418.517 kg
Einsatzzeitraum:	keiner
Nutzlast:	5.200 kg in einen 700 km hohen SSO Orbit. 7.500 kg in einen 300 km hohen äquatorialen Orbit. 2.200 kg in einen GTO/Galileo-Übergangsorbit 1.400 kg auf einen Fluchtkurs

Stufe 1: EAP

Länge:	31,40 m
Durchmesser:	3,05 m
Startgewicht:	284.400 kg
Leergewicht:	40.400 kg
Schub:	2 × 5.250 kN (Start), 2 × 7.080 kN (Maximum, 2 × 5.060 kN (Mittel)
Brenndauer:	132 s
Treibstoff:	Ammoniumperchlorat/Aluminium/HTPB 1814
spezifischer Impuls:	2701 m/s (Vakuum)

Stufe 1: P80 FW

Länge:	10,50 m (12,18 m mit Stufenadapter)
Durchmesser:	3,01 m
Startgewicht:	95,796 kg
Leergewicht:	7,431 kg
Schub:	2970 kN (maximal) 2261 kN (Durchschnitt)
Brenndauer:	106,7 s
Treibstoff:	Ammoniumperchlorat/Aluminium/HTPB 1912
spezifischer Impuls:	2746 m/s (Vakuum)

Stufe 2: P23

Länge:	7,50 m (8,38 m mit Stufenadapter)
Durchmesser:	1,90 m
Startgewicht:	25,791 kg
Trockengewicht:	1,845 kg
Triebwerk:	Zefiro 23
Schub:	1.196 kN (maximal) 900 kN (Durchschnitt)
Brenndauer:	71,7 s
Treibstoff:	Ammoniumperchlorat/Aluminium/HTPB 1912
Spezifischer Impuls:	2839 m/s (Vakuum)

Stufe 3: Z9A	
Länge:	3,85 m (4,12 m mit Stufenadapter)
Durchmesser:	1,90 m
Startgewicht:	11.485 kg
Leergewicht:	808 kg
Triebwerke:	Zefiro 9A
Schub:	280 kN (maximal) 225 kN (Durchschnitt)
Brenndauer:	109,6 s
Treibstoff:	Ammoniumperchlorat/Aluminium/HTPB 1912
Spezifischer Impuls (Vakuum)	2903 m/s
AVUM	
Länge:	1,74 m (2,04 m mit Nutzlastadapter)
Durchmesser:	2,18 m
Gewicht:	1.044 kg (1.237 kg mit Stufenadapter)
Leergewicht:	494 kg
Triebwerk:	RD-869
Schub:	2,45 kN
Brenndauer:	< 667 s
spez. Impuls:	3095 m/s
Nutzlasthülle	
Länge:	8,86 m
Durchmesser:	4,00 m
Gewicht:	816 kg
Doppelstartstruktur VESPA	
Höhe:	2,87 m
Durchmesser:	2,38 m
Maximale Nutzlast:	600 kg
nutzbarer Innendurchmesser:	2,11 m

Quellen und Referenzen

Flight International 16.5.1990 „Scout 2 Development Deal moves ahead"

Flight International 29.4.1998: „Italy leads ESA interest in Vega K development"

Flight International 15.7.1998: „A late Entry"

Flight International 3.11.1999 „French Withdraw prompts ESA to drop Vega Project"

Flight International 6.11.2000: „Vega Agreement paves Way for P80 Booster Development for Ariane"

Flight International 2.1.2001 „ESA plans 2005 debut for Ariane based Vega Launcher"

Flight International 6.12.2001 „Italians form launcher company"

Reaching for the Skies No 18 September 1998
Marco Caporicci: "Vega: a European Small Launcher"
http://www.esapub.esrin.esa.it/rfs/rfs18/CAPORICCI.pdf

ESA BR196: Vega Realizing Europe's small Launcher
http://www.esa.int/esapub/br/br196/br196.pdf

ESA BR257: „Vega the European Launcher"
http://www.esa.int/esapub/br/br257/br257.pdf

ESA: Vega Brochure
http://esamultimedia.esa.int/docs/VEGAbrochure.pdf

ESA BR250: ESA Achievements
http://www.esa.int/esapub/br/br250/br250.pdf

ELV: Vega Launcher

ELV: Vega Transporting System

Avio Website: http://www.aviogroup.com/en/

Arianespace: Vega Users Manual Issue 4/2006

Naming Ariane:
http://asimov.esrin.esa.it/SPECIALS/Space_Year_2007/SEMVCFOC02G_2.html

M. Lopez: VEGA: Status of Development Activities
www.lares-mission.com/talks/lopez.pdf

R. Barbera & S. Bianchi: „Vega: The European Small-Launcher Programme"
ESA Bulletin 109 S. 64-71

S. Bianchi: „Vega Readies for Flight"
ESA Bulletin 134 S. 44-51

Hermann Fischer: „A Dynamic Tool for Europe's small Launcher Vega"

Rocco Albano, François De Coster, Jean Yves Grassien, Paul Brochard: „Li-Ion Batteries for
the Vega Launcher"

Sven Erb: „Safety Analysis for Stage Reentry of VEGA LV"

A. Neri: Vega Launch System, Final Preparation or Qualification Flight.
https://info.aiaa.org/tac/SMG/STTC/Minutes/STTC%20Meeting%20Materials
%20080411/Vega%20Program%20Status%20JPC%2011%20for%20STTC.pdf

ESA: Vega Flyer
http://esamultimedia.esa.int/multimedia/publications/Vega//offline.zip

ESA: Vega Factsheet
http://download.esa.int/docs/VEGA/Vega_factsheet_20121801.pdf

VENUS – conceptual design for vega new upper stage
http://elib.dlr.de/71266/1/IAC-11.D2.3.4..pdf

Investigations of Future Expendable Launcher Options
http://elib.dlr.de/65462/1/IAC-08-D2.4.6.pdf

Vega VV02 Misssion
http://www.asi.it/files/VV02_workshop_presentation_IPT_Final.pdf

Sven Erb: „Safety Analysis for Stage Reentry of VEGA LV"

Renato Marocco: Zefiro 40 SRM Nozzle: Development and Innovations

Vega Consolidation and Evolution Work in Progress on Propulsion
http://www.asi.it/sites/default/files/7_-_Vega_Vega_Propulsion_-_01_April_2015-_Avio.pdf

SpaceNews: ESA inks 3,8 Billion in Contracts for Ariane 6, Vega C and Spaceport Upgrades
http://spacenews.com/esa-inks-3-8-billion-in-contracts-for-ariane-6-vega-c-and-spaceport-upgrades/

ESA Presskit Vega Qualification Flight VV01
http://download.esa.int/docs/VEGA/Vega_PressKit_06-02-2012_EN.pdf

ASI Workshop 1.6.2015: Vega Market Lessions learned

Avio: Work in Progress on Propulsion
http://www.asi.it/sites/default/files/7_-_Vega_Vega_Propulsion_-_01_April_2015-_Avio.pdf

Davide A. Nicolini: VEnUS: Vega Electric Upper Stage
http://www.asi.it/sites/default/files/5.c_-_VEnUS_-_ESA_IPT.pdf

56. Abbildung: Jungfernflug der Vega © des Fotos: ESA

Das Centre Spatial Guyanais

Die Vega wird von Französisch-Guayana, einem französischen Übersee-Departement, gestartet. Die offizielle Bezeichnung des Weltraumbahnhofs ist CSG für **C**entre **S**patial **G**uyanais (Weltraumzentrum Guayana). Eingebürgert hat sich die Bezeichnung „Kourou", nach der nächstgelegenen Hafenstadt. Von Kourou aus werden die Teile, die per Schiff oder Flugzeug aus Europa und der übrigen Welt kommen, zum Startplatz gebracht. Betrieben wird das Startzentrum von der französischen Weltraumagentur CNES im Auftrag der ESA. Die Kosten für den Betrieb werden zu zwei Dritteln von der ESA und zu einem Drittel von der CNES getragen. Das gesamte Gelände wird von der französischen Fremdenlegion bewacht. Es nimmt eine Fläche von 850 km² ein.

Kourou liegt 5,23 Grad nördlicher Breite oder 500 km nördlich des Äquators. Für Missionen in den geostationären Orbit hat dies einerseits den Vorteil, dass die Satelliten durch die höhere Rotationsgeschwindigkeit der Erde am Äquator eine höhere Startgeschwindigkeit erhalten. Zum anderen ist die Bahnneigung, die von den Satelliten abgebaut werden muss, wenn sie in eine Bahn über dem Äquator gelangen wollen, kleiner ist als bei einem Start vom Cape Canaveral oder Baikonur. Das ist auch der Grund, warum die Sojus seit 2011 vom CSG aus startet. Die Nutzlast der Sojus in den GTO-Orbit steigt alleine durch den geographischen Vorteil um 50%. Lange Zeit war Kourou der einzige Startort, der diese Bedingungen bot. Später nutzte die Zenit Trägerrakete, die von einer umgebauten Ölbohrplattform am Äquator gestartet wurde, von diesem Wettbewerbsvorteil.

Für Raketenstarts eignet sich Kourou auch deswegen, weil die Gegend kaum bewohnt ist: 90% des Gebietes sind tropischer Regenwald. Die Starts finden nahe der Küste statt. Missionen können in Polarbahnen, wie auch äquatoriale Bahnen erfolgen. Ein Winkelbereich von 102 Grad wird abgedeckt. Russland und die USA müssen für die Abdeckung dieses Bereichs zwei Weltraumbahnhöfe betreiben.

Kourou liegt außerhalb der Zone, in der tropische Wirbelstürme wüten. Es kommt daher kaum zu den Startverschiebungen durch Orkane, die den Startbetrieb bei Cape Canaveral oft stören. Es ist ein geologisch ruhiges Gebiet, in dem bisher keine Erdbeben aufgetreten sind.

Bis 2009 hat die ESA 1,6 Milliarden Euro in das CSG investiert, davon alleine 800 Millionen in die Infrastruktur für Ariane 5. Mit den Anlagen für die Ariane 6 werden es über 2 Milliarden sein. Das hat Französisch-Guayana einen wirtschaftlichen Aufschwung beschert. 49% des Nationaleinkommens von Französisch-Guyana und 26% des Nettogewinns hängen direkt oder indirekt von der Raumfahrtindustrie ab. Ein Arbeitsplatz in der Raumfahrtindustrie generiert durchschnittlich 4,4 Arbeitsplätze in der lokalen Wirtschaft. Heute arbeiten 2.500 Personen im CSG und in Produktionsanlagen, die dem CSG zugeordnet werden. Etwa ein Zehntel der Beschäftigten im Departement arbeitet direkt oder indirekt für den Spaceport. Damit ist das CSG als Arbeitgeber in Guyana in etwa so wichtig, wie die Automobilindustrie in Deutschland. Die Stadt Kourou selbst zeigt diesen Aufschwung am deutlichsten: Sie ist in den letzten vierzig Jahren von 640 auf rund 25.763 Einwohner angewachsen. Ein Großteil davon lebt direkt oder indirekt vom CSG.

Die Satelliten kommen in versiegelten Spezialcontainern am Aéroport international Félix Éboué bei Cayenne mit einer Boeing 747 oder Antonov 124 an. Die Raketenteile erreichen mit den beiden Containerschiffen MN Colibri und MN Toucan den Hafen von Kourou. Diese 115,6 m langen und 20 m breiten Containerschiffe haben einen 96 m langen und 17 m breiten Frachtraum, der horizontal beladen werden kann. Die Bauteile werden in Containern verladen, wobei besonders die Tanks der EPC anspruchsvoll sind: Sie müssen in trockener Luft gelagert werden. Eine Fahrt von Kourou nach Europa und zurück dauert 27 Tage, davon 12 für die Rückreise und 10 für die Hinreise.

Es gelang die Fixkosten des CSG, welche die ESA zu tragen hat, in den letzten Jahren bedeutend zu senken. Im Jahr 2002 betrugen sie noch 128,9 Millionen Euro pro Jahr. Für die Periode von 2009 – 2011 sind 108,9 Millionen Euro/Jahr veranschlagt, also eine bedeutende Senkung der Kosten. Dies wurde auch erreicht, indem ELA 2 geschlossen wurde und die Vega vom CDL 3 mitbetreut wird.

Schon 1980 wurde die Firma Arianespace gegründet, die nach den Erprobungsflügen die Vermarktung der Träger übernimmt. Dies hat sich bewährt und wurde auch bei der Vega beibehalten. Arianespace hat bis 2006 die Ariane 5 selbst integriert, seit dem Los PA übernimmt dies bei der Ariane der industrielle Architekt EADS/Astrium (heute: Airbus Space and Defense, in Zukunft: Airbus Safran Launchers, es sind immer die gleichen Firmen doch durch Zusammenschlüsse und Umbenennungen wechseln die Namen). Der Mitarbeiterstamm, den Arianespace benötigt, ist daher klein. Er lag bei 309 Mitarbeitern im Jahr 2008.

Nutzlastintegration

Die Satelliten werden in eigenen Gebäuden vorbereitet. Erst nach Einschluss in die Nutzlastspitze werden sie auf die Vega montiert. Bis 2001 gab es zwei Komplexe, nahe der Vega Startrampe. Im einen, mit den Gebäuden S1A und S1B, wurde der Satellit nach dem Transport geprüft. Das bedeutet: Es wurde das elektrische System überprüft, die Mechanik getestet (z. B. ob sich die Solarzellenausleger öffnen) und zuletzt pneumatische Tests durchgeführt. Danach wurde der Satellit zum zweiten Komplex mit den Gebäuden S2 bis S4 gebracht. Dort wurden die Startvorbereitungen durchgeführt und der Satellit mit dem Treibstoff betankt und in die Nutzlastspitze eingeschlossen.

Die Ariane 5 kann größere Nutzlasten transportieren. So wurde die Nutzlastvorbereitung um das neue S5-Gebäude erweitert. S5 besteht aus drei großen Einzelgebäuden mit Reinsträumen, die durch Korridore verbunden sind. Das S5-Gebäude hat dieselbe Aufgabe wie der S2 bis S4-Komplex, eignet sich jedoch für wesentlich größere Satelliten. Nutzlasten wie Envisat oder das ATV machten diese Erweiterung notwendig. S5 wurde 2001 eingeweiht. In S5A wird der Satellit vorbereitet. Der Raum hat eine Fläche von 700 m² und eine Eingangstür von 20 m Höhe und 10 m Breite – größer als eine Nutzlastspitze der Ariane 5. Dort erfolgen die Tests am Satelliten. Ist dies erfolgt, wird der Satellit in den Raum S5b mit 400 m² Fläche gebracht. Dort werden große Satelliten betankt. Maximal 10 t Treibstoff stehen zur Verfügung. Der Raum S5c hat dieselbe Funktion, nur werden hier Satelliten mit weniger als 4 t Gewicht betankt. Er hat eine Bodenfläche von 300 m². Verbunden sind diese Räume mit Luftschleusen von 12 m Höhe und 10 m Breite. Ein 30-t-Kran bewegt die Satelliten durch die Räume. Dazu kommt eine Bürofläche von 1.000 m². Der gesamte Komplex entspricht den Reinraumbedingungen der „Klasse 100.000". S5 hat eine Kapazität von mindestens 16 Satellitenstarts pro Jahr.

Die alten Zentren S2 bis S4 wurden nach einer Übergangszeit stillgelegt. S1B und S3B wurden für die Vega wieder reaktiviert. Alle Räume, in denen der Satellit vorbereitet wird, sind Reinräume mit einem sehr niedrigen Staubgehalt in der Luft und voll klimatisiert. Diese Bedingungen werden bis zum Start aufrechterhalten, so wird der Satellit vollständig in der Nutzlastspitze eingeschlossen und diese als Ganzes zur Rakete transportiert. Die Nutzlastintegration ist von ZLV räumlich getrennt. S5 ist 20 km von der Startrampe entfernt. Diese Gebäude werden für alle Satellitenvorbereitungen eingesetzt, egal ob der Start mit der Sojus, Ariane oder Vega erfolgt. Neben den Startrampen und Kontrollzentren gibt es etwa ein Dutzend weitere Gebäude in Kourou, für Verwaltung, Technik, Sicherheit, Feuerwehr und Müllzwischenlagerung.

Abbildung 57: Blick auf ZLV – Das Montagegebäude BIV ist zurückgefahren.

Abbildung 58: S3A und S5 Gebäudekomplex

Kontrollzentren

Der Start wird von zwei Zentren aus gesteuert. Das Erste ist CDL3: Es ist für die Startvorbereitung und den Countdown der Ariane 5 und Vega zuständig. Das Zweite ist Jupiter 2. Es ist für die Mission als Ganzes zuständig.

CDL3 ist das dritte Kontrollzentrum für Starts. Das Erste wurde für die „Europa" Rakete eingerichtet und für die Ariane 1 modernisiert. Das Zweite für die Ariane 4 gebaut. CDL3 wurde für Starts der Ariane 5 errichtet und befindet sich neben deren Startrampe. Es besteht aus einem vorderen Teil mit den Büros für Angestellte der Zulieferer und einem hinteren Teil, der besonders geschützt ist. Dies ist der Teil, der der Startrampe zugewandt ist. Auf 2.700 m² Fläche gibt es zwei Überwachungsräume für den Countdown der Rakete und drei für die Teams des Satellitenherstellers (bis zu drei Satelliten können gleichzeitig überwacht werden). CDL3 ist für zwei gleichzeitig laufende Startkampagnen von Ariane 5 ausgelegt. Sobald die Rakete abhebt, ist die Arbeit des CDL3 beendet, und die gesamte Kontrolle geht an das Jupiter-Kontrollzentrum über. Für die Vega wurde CDL3 um einen Kontrollraum für die Vega erweitert. Es war zu aufwendig, das alte Kontrollzentrum CDL1 der Ariane 1 direkt ne-

Abbildung 59: Blick ins Jupiter 2 Kontrollzentrum: Vorne die Sitzreihen für die Gäste, im Hintergrund der Bereich für die Missionsüberwachung

ben der Startrampe auf den technisch neuesten Stand zu bringen. Neben CDL3 ist noch das Kontrollzentrum für die Sojus in Kourou aktiv. Die Kontrollzentren CDL1 und CDL2 für die Ariane 1-3 und Ariane 4 werden nicht mehr genutzt. CDL 3 befindet sich in 1,3 km Entfernung von der Vega-Startrampe bei der Ariane 5 Startanlage.

Mit dem Start V82 wurde 1996 das Jupiter 2 Kontrollzentrum eingeweiht. Das Jupiter 2 Kontrollzentrum managt die operativen Aspekte eines Starts. Hier laufen alle Fäden zusammen. Beteiligt sind am Start nicht nur CDL3, sondern auch Bahnverfolgungsstationen mit optischen Teleskopen und Radarantennen. Dazu kommen Bodenstationen, welche die Telemetrie entlang der Aufstiegsbahn empfangen, Wetterstationen und Teams der Satellitenhersteller und ihrer Empfangsstationen. Jupiter 2 bündelt die Informationen von diesen Stationen und ist nach dem Abheben der Rakete für die Mission zuständig. Jupiter 2 liegt 15 Kilometer von der Startrampe entfernt. Die Computerausrüstung bestand bei der Einweihung aus zwei Sun Servern (für die Redundanz). Für die Operateure gibt es 32 Sun Sparc-5 Workstations. Vier PCs sind für die Kontrolle der Anzeigetafeln zuständig. Die Software entstand damals in C++, Siemens SCL und Visual Basic.

Jupiter 2 besteht aus drei Stockwerken. Im ersten Stockwerk finden sich vorne die Kontrollstationen der Operateure. Auf einer 3,2 × 4,2 m großen Videoleinwand kann der Status des Countdowns und nach dem Abheben der Start verfolgt werden. Getrennt durch eine Plexiglaswand können bis zu 232 Gäste den Start verfolgen. Es gibt Headsets, mit denen die Gäste den Kommentar in verschiedenen Sprachen hören können. Meist wandern die Gäste aber in den letzten Sekunden vor dem Start zum Balkon, um ihn von dort aus live zu verfolgen. Dieser Teil ist bei den Videoübertragungen von Arianespace zu sehen.

Heute wirkt die Präsentation von Arianespace antiquiert. Sie informiert zwar genau über Geschwindigkeit, Höhe und ob die Rakete auf der Bahn ist. Doch die US-Konkurrenz überträgt life Videos von auf der Rakete montierten Kameras. Dies gibt es bei Arianespace nur sporadisch und nicht life, da die ESA nicht wie die NASA ein System von Satelliten hat (TDRS), welche die Videodaten mit hoher Datenrate empfangen können.

Im zweiten Stockwerk gibt es 31 Kabinen mit Computern für angereiste Journalisten. Im dritten Stockwerk befinden sich die Ausrüstung für die Videoübertragung und die Arbeitsräume der Berichterstatter und Dolmetscher. Angeschlossen an das Kontrollzentrum ist das Space Museum im CSG.

Abbildung 60: CDL3 von außen...

Abbildung 61: ... und von Innen

Abbildung 62: Das Jupiter-2 Missionszentrum mit dem Weltraummuseum von außen....

Abbildung 63: ... und von Innen: Blick auf die Konsolen der Operateure

Bodenstationen

Jeder Start muss von Bodenstationen verfolgt werden. Diese empfangen zum einen Telemetrie, zum anderen verfolgen sie die Rakete mit Radaranlagen. Sie geben das Ergebnis nach Kourou weiter, wo es im Jupiter 2-Missionskontrollzentrum in eine Grafik mit der Sollbahn eingezeichnet wird. Ideal wäre eine Überwachung der gesamten Aufstiegsbahn. Doch dies ist z. B. bei polaren Bahnen oder Missionen zur ISS nicht möglich, da dazu zu viele Empfangsstationen im Atlantik benötigt werden. Dann beschränkt sich die Verfolgung auf den Teil der Bahn, in dem der Antrieb aktiv ist.

Die Bodenstationen müssen neben der Verfolgung der Aufstiegsbahn der Rakete auch die Funkverbindung bei wichtigen Ereignissen, wie der Abtrennung der Satelliten, gewährleisten. Bei Zweiimpuls-Manövern (Vega Starts, Rosetta Start mit der Ariane 5 G+ und ATV-Missionen) werden daher weitere Bodenstationen auf der Südhalbkugel benötigt. Die Bodenkontrolle ist in der Regel passiv: Nach dem Start sind die Träger autonom. So hat Ariane schon Satelliten korrekt in ihren Zielorbit ausgesetzt, obwohl zeitweise die Funkverbindung abriss. Für die Vega mit ihren sonnensynchronen Bahnen werden andere Bodenstationen als bei der Ariane benötigt. So nutzt die ESA Anlagen anderer Raumfahrtnationen:

- Primär für Arianestarts benötigt man St. Hubert in Kanada und die ESA-Empfangsstation Svalbard auf Spitzbergen für Ariane 5 G/ES Missionen in sonnensynchrone Orbits. Dies sind Empfangsstationen für Satelliten. Sie sind notwendig wegen der langen Brennzeit der EPS-Oberstufe, die typischerweise in hohen nördlichen Breiten Brennschluss hat.

- Bei Missionen der Vega, bei denen die Stufen früher ausgebrannt sind, wird dagegen auf zwei NASA-Bodenstationen bei Antigua und Bermuda zurückgegriffen.

- Für Starts zur ISS hat die ESA 2007 eine weitere Bodenstation auf der Insel Santa Maria, einer der Inseln der Azoren, installiert. Die Station mit einer 5,5 m großen Parabolantenne dient seitdem auch zum Empfang von Satellitendaten. Dazu kommt bei ATV-Missionen noch eine mobile Empfangsstation auf einem Schiff zwischen Kourou und den Azoren. Ergänzt wird dies durch Empfangsstationen in Europa. Diese Stationen können auch für Vega Missionen in mittlere geografische Breiten (40-55 Grad) genutzt werden.

- Der Brennschluss der Bahnzirkularisierung des AVUM der Vega oder der EPS bei ATV Missionen findet über dem Pazifik, 180 Längengrade von Kourou entfernt, statt. Je nach Bahnneigung werden dann Bodenstationen zwischen Singapur im Norden und Neuseeland im Süden hinzugenommen. Dies sind eine Bodenstation der Firma Digiglobe bei Singapur, eine NASA-Bodenstation bei Pare-Pare in Indonesien, zwei ESA-Bodenstationen bei Perth in Australien und in Neuseeland.

Während die Vega fliegt, wird die mit Radar vermessene Bahn vom Flugsicherheitsoffizier verfolgt. Bei jeder Mission werden um die Sollbahn zwei Zonen gelegt, zuerst eine orangene. Dies ist die Zone, in der die Bahn als „sicher" angesehen wird. Sie gibt erlaubte Abweichungen vom nominellen Bahnverlauf an. Erreicht der Bahnplot eine weiter außen liegende, rote Zone, muss die Rakete gesprengt werden. In dieser Zone sind Leben oder Eigentum bedroht. Die Selbstzerstörung wird ausgelöst, indem zuerst ein Schlüssel umgedreht wird. Er schaltet den Knopf für das Senden des Selbstzerstörungskommandos scharf. Danach kann dieser gedrückt werden. Das Kommando ist besonders chiffriert, damit nicht jedes (unabsichtlich oder bewusst gesandte) Funksignal auf der entsprechenden Frequenz die Selbstzerstörung initiiert. Davon unabhängig wird die Selbstzerstörung auch durch den Bordcomputer initiiert, wenn er abnormale Werte oder Brüche detektiert, wie dies beim Jungfernflug der Ariane 5 der Fall war.

Abbildung 64: Die DIANE-Empfangsantenne, wenige Kilometer von der Startrampe entfernt

Bodenanlagen für die Vega

Verglichen mit den Entwicklungskosten der Vega entfallen recht hohe Investitionen auf das Bodensegment. Ein Viertel der Gesamtinvestitionen entfällt darauf, und das, obwohl so weit wie möglich schon existierende Anlagen erneut verwendet wurden.

Als Startort wird für die Vega der frühere Ariane 1-3 Startplatz ELA 1 genutzt. Er befindet sich 1 km südwestlich der Rampe der Ariane 5. Er wurde für den Start der Vega umgerüstet und heißt nun ZLV (**Z**one de **L**ancement **V**ega). Der Startturm von ELA 1 wurde Anfang der neunziger Jahre abgerissen, sodass ein neuer Mast für die elektrischen Leitungen errichtet werden musste. Wie bei Ariane 5 ist der Startmast nur mit den notwendigsten Anschlüssen versehen, da die Rakete nicht an der Startrampe zusammengebaut wird. Dies geschieht allerdings nicht, wie bei der Ariane 5, in einem eigenen Gebäude, stattdessen gibt es einen mobilen Montageturm. Der Zusammenbau ähnelt daher dem der Ariane 4.

Wie bei Ariane 1 wird die Rakete direkt am Startplatz im BIV (**B**âtiment d'**I**ntégration **V**ega) genannten, mobilen Gebäude, in vertikaler Position zusammengebaut. Die 1.000 t schwere und 50 m hohe Struktur wird wenige Stunden vor dem Start 80 m zurückgefahren. Im November 2008 fanden die Tests des Bewegungsmechanismus statt, der dafür ausgelegt ist, 1.300 t Gewicht bei einer Windgeschwindigkeit von bis zu 80 km/h zu bewegen. Dazu dient ein Antrieb mit 70 kW Leistung, der redundant vorhanden ist. Die Betonplatte am Startplatz musste für das Gewicht des Gebäudes angepasst werden.

Gebaut wird das BIV von Rheinmetall (Italien), als Unterauftragnehmer von Vitrociset. Dazu kommen vier 60 m hohe Gittermasten rund um den Startturm, analog denen bei der Ariane 5 Startrampe, die als Blitzableiter fungieren. Noch von ELA 1 stammt ein Wasserturm, dessen Wasser in den Graben unter der Startrampe geleitet wird, um den Lärm und die thermische Belastung zu senken. Die Schallunterdrückung dient nicht der Schonung der Umwelt, sondern der Rakete und der Startanlage. Der Schalldruck durch das expandierende Gas könnte diese sonst beschädigen. Der Wasserturm in

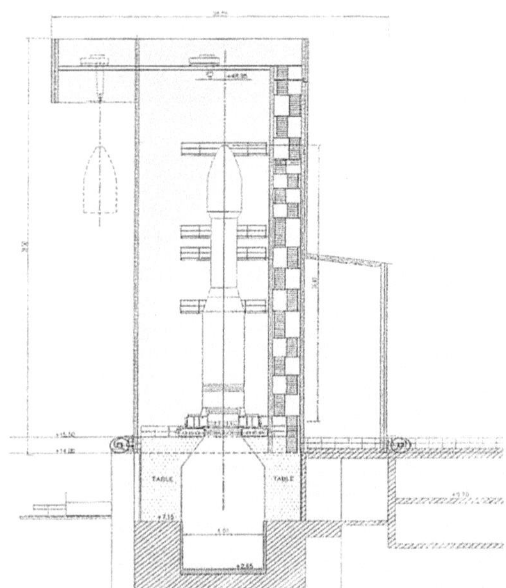

Abbildung 65: Schematische Darstellung des Vega Startkomplexes

Form einer Kugel auf einer schmalen Säule ist sehr markant. Er stammt noch von der ersten Installation für die Europa II. Direkt am Startplatz gibt es nur einen 32 m hohen Mast mit den Verbindungsleistungen zur Rakete. Anders als die Ariane 5, muss die Rakete nicht bis zum Start betankt werden, sodass diese Leitungen vor allem die Stromversorgung sichern und eine Datenverbindung bis zum Start aufrechterhalten.

Wieder verwenden konnte die CNES den Bunker direkt neben der Startrampe, der nun neue Technik für die Überprüfung der Vega enthält. Nach dem Checkout der Rakete findet die Überwachung des Countdowns vom CDL3 aus statt, dem Startzentrum der Ariane 5. Die Aufrüstung des CDL1 auf moderne Technik wäre zu teuer gewesen (der letzte von CDL1 betreute Start fand 1989 statt).

Der Vega Startplatz ist für wenige Starts pro Jahr ausgelegt. Die Auslegung ging von drei bis vier Starts im Durchschnitt, maximal fünf bis sechs pro Jahr, aus. Die Rakete kann daher direkt am Startplatz montiert werden. Diese Vorgehensweise erspart ein eigenes Gebäude für diesen Zweck. Sie limitiert die Startrate auf vier Starts pro Jahr, da es nicht möglich ist, eine zweite Rakete parallel zu montieren. Da die Vega als Feststoffrakete erheblich schneller integriert werden kann, als die Ariane 5, erlaubt ZLV einen minimalen Abstand zwischen zwei Starts von nur einem Monat.

Abbildung 66: Der Vega Startkomplex (im Vordergrund) vor ELA3 (Ariane 5) © ESA - S. Corvaja

Die Arbeiten begannen im November 2004 und wurden im November 2008 abgeschlossen. Der Kontrakt zum Bau der ZLV-Startrampe umfasste 50,2 Millionen Euro.

Die Dauer einer Startkampagne konnte bei den ersten Starts deutlich gesenkt werden. Sie dauerte beim Jungfernflug noch 17 Wochen, bei VV08 nur noch 6 Wochen. Da allerdings die Kampagne über Jungfernflug über Weihnachten/Neujahr lief, ist der Unterschied in Arbeitstagen geringer: Es sind 49 zu 30 Arbeitstage.

Die Startanlage ZLV liegt nahe der Ariane 5 Startrampe ELA3 und dem (inzwischen abgerissenen) Startplatz der Ariane 4 ELA2. Die Startrampe der Sojus, ELS, ist dagegen 10 km nordwestlich des Startkomplexes der drei europäischen Raketen angesiedelt.

Die Vega nutzt neben den Gebäuden für die allgemeine Infrastruktur und für die Satellitenvorbereitung auch die Treibstofffabrik auf dem CSG. Dort wird der feste Treibstoff für die erste Stufe hergestellt und diese befüllt. Die beiden oberen Stufen werden schon bei Avio in Italien befüllt. Für die Produktion des Treibstoffs der Ariane 5 der Booster wurde 1992 eine Fabrik, die L'**u**sine de **P**ropergol de **G**uyane (UPG) gebaut. Sie wird von der Firma Regulus (einem französisch-italienischen Gemeinschaftsunternehmen) betrieben und ist für eine Produktion von 32 – 40 EAP Boostersegmenten pro Jahr ausgelegt. Das entspricht acht bis zehn Starts. Sie verfügt, da Ariane maximal sieben Starts pro Jahr absolviert, über genügend

Abbildung 67: Die UPG

Abbildung 68: Zusammenbau der Vega (hier hängt die zweite Stufe am Kran) am Startplatz

Kapazität um den Treibstoff für die Vega zusätzlich zu produzieren. Diese Fabrik nimmt alleine 3 km² Fläche ein. Die Produktion des Treibstoffs geschieht in Chargen von jeweils 6.820 l. Die Produktion einer Charge dauert acht bis zehn Stunden, und zehn Chargen werden für ein EAP-Segment benötigt. Für den kleineren P80 Booster müssten acht bis neun Chargen ausreichen. Dabei wird pro Charge eine 80 kg große Probe verfeuert, um die Qualität des Treibstoffs zu kontrollieren. Insgesamt dauert die Herstellung eines EAP-Boosters mit dem Aushärten des Treibstoffs etwa zwölf Wochen. Eine ähnliche Zeitskala ist auch für die P80 Stufe zu erwarten.

Nach dem Abwaschen und Glätten der Oberfläche wird die Schicht mit 100 kg besonders feinem Pulver versetzt. Diese 1 mm dicke Pulverschicht entzündet sich dann beim Zünden der Booster und bewirkt eine gleichmäßige Entzündung der Oberfläche. Pro P80-Booster werden 9 t HTPB, 17 t Aluminium und 61 t Ammoniumperchlorat verarbeitet. Die Rohstoffe werden aus den USA (HTPB), England (Aluminium) und Frankreich (Ammoniumperchlorat) nach Kourou verschifft. 120 Personen sind in der UPG beschäftigt.

Zudem nutzt die Vega den Teststand der Ariane 5 Booster. Am **B**âtiment d'Essais des **Acc**élérateurs à **P**oudre, (BEAP, Boosterteststand) fanden die Testzündungen der ersten Stufe statt. In Europa war der Test von Feststofftriebwerken dieser Größe nicht möglich. Dafür emittiert ein P80-Booster zu viel Salzsäure (18-19 t) beim Abbrand. Der Teststand besteht aus einem 50 m hohen Turm über einer pyramidenförmigen Basis. Die Flammen werden in einen 60 m tiefen, 35 m breiten und 200 m langen Graben in Granit abgelenkt. Er ist ausgelegt für den Test von Triebwerken mit bis zu 15.500 kN Schub. Alleine die Konstruktion dieses Teststandes kostete 250 Millionen Franc. Er befindet sich 6 km von der UPG entfernt.

Quellen und Referenzen

ESA: Europe's Spaceport
http://www.esa.int/esaMI/Launchers_Europe_s_Spaceport/index.html

Centre Spatial Guyanais
http://www.cnes-csg.fr/web/CNES-CSG-en/4678-centre-spatial-guyanais-english-version.php

ESA Bulletin 79: „Ariane 5 Launch Facilities"

ESA Bulletin 112: News from Europes Spaceport"

Flight International: 4.10.1994: „Dynamic Activity"

gtd: Information Systems: „Cosmo Caixy: The Computer as a part of Launch vehicles"

Mauro Cordone, Jaques Tangui: „The Vega Operational Control Centre"

Uwe L. Berkes: „Der autonome Zugang Europas zum Weltall: Luxus oder Notwendigkeit?"

Abbildung 69: Transport der dritten Stufe zum Startplatz

Abkürzungsverzeichnis

Apogäum: erdfernster Punkt einer Umlaufbahn.

AAM: AVUM Avionics Module: Der Teil des AVUM der Vega, der die Steuerung der Trägerrakete enthält.

APM: AVUM Propulsion Module: Der Antriebsteil des AVUM mit dem ukrainischen RD-869 Antrieb und den Treibstofftanks.

ASI: Agenzia Spaziale Italiana, die italienische Raumfahrtagentur. Die ASI unterhält enge Beziehungen zur NASA, innerhalb der ESA ist ihr Hauptprojekt die Entwicklung der Vega Rakete.

ATV: Automated Transfer Vehicle: Die technische Bezeichnung des Raumtransporters der Fracht zur ISS transportiert. Jeder Einzelne hat einen eigenen poetischen Namen erhalten.

AVUM: Altitude and Vernier Upper Module: Die letzte Stufe der Vega inklusive der Steuerung und Lageregelung.

BEAP: Bâtiment d'Essais des Accélérateurs à poudre: Teststand zur Erprobung und Qualifikation der EAP und P80 Stufen in Kourou.

BIV: Bâtiment d'Intégration Vega: Bezeichnung für das mobile Montagegebäude an der Startrampe der Vega. Es wird vor dem Start auf Schienen von der Startrampe weggefahren.

CDL3: Centre de Lancement No. 3: Gebäude, in dem die Startvorbereitung der Ariane 5 und Vega durchgeführt wird.

CFK: Carbon Fiber Komposit: Technologie, die aus Matten von Kohlefasern in einer Matrix aus Kunststoff einen Verbundwerkstoff herstellt, der sehr leicht, aber trotzdem sehr belastbar ist. Zahlreiche strukturelle Teile die nicht tiefen Temperaturen ausgesetzt sind, werden heute auch bei Trägerraketen aus CFK-Werkstoffen hergestellt. CFK-Bauteile sind leichter als analoge Bauteile aus Aluminium. CFK-Werkstoffe haben die glasfaserverstärkten Kunststoffe (GFK) als Vorgängertechnologie vollständig ersetzt.

CGWIC: China Great Wall Industries Cooperation: Staatliche Vermarktungsgesellschaft der chinesischen Regierung, welche die Trägerraketen der Familie „Langer Marsch" international anbietet.

CNES: Centre National d'Études Spatiales: Die französische Weltraumagentur.

CPU: Central Processing Unit: Abkürzung für den Hauptprozessor eines Computers. Ältere Rechner haben oft auch zusätzliche Prozessoren für andere Aufgaben an Bord wie die FPU (Floating Processing Unit) für schnelle Gleitpunktberechnungen. Sie sind bei heutigen Prozessoren integriert.

CSG: Centre Spatial Guyanais: Der europäische Weltraumbahnhof in Französisch-Guyana, nahe am Äquator. Von hier aus werden Ariane und Vega gestartet.

CZ: Abkürzung für Chángzhēng, chinesisch für „Langer Marsch". Kürzel für alle zivilen chinesischen Trägerraketen. Derzeit im Einsatz befinden sich die Serien CZ-2 bis 4.

DASA: Deutsche Aerospace Aktiengesellschaft, später Namensänderung zu: Daimler-Benz Aerospace Aktiengesellschaft. Daimler-Benz kaufte während der Ausrichtung als Technologiekonzern alle deutschen Luft- und Raumfahrtfirmen von 1989 bis 1993 auf. Mit der Neuausrichtung von Daimler-Chrysler auf den Fahrzeugbau wurde die Sparte ausgegliedert. Die DASA fungiert seit 2000 nur noch als Holding AG für die deutschen Anteile an EADS.

DLR: Deutsches Zentrum für Luft & Raumfahrt: Die deutsche Raumfahrtagentur. Zwei Drittel der Mittel für die Raumfahrt gehen aber weiter an die ESA.

EADS: European Aeronautic Defence and Space Company: Europäischer multinationaler Luft & Raumfahrtkonzern.

EADS Astrium: eine 100%-Tochter von EADS. Hier sind die Geschäftsfelder eingegliedert, die mit militärischer und ziviler Raumfahrt zu tun haben. Heute gehören mit wenigen Ausnahmen die meisten europäischen Raumfahrtfirmen zu EADS Astrium. Meist wird nur die Abkürzung Astrium verwendet.

EADS Astrium ST: der Geschäftsbereich von Astrium, der für die Entwicklung und Produktion von Trägerraketen und Satellitenantrieben (ST = Space Transportation) verantwortlich ist. Früher gab es getrennte Bereiche für Satellitenantriebe und Trägerraketen (Astrium LV).

EAP: Étage aux Accélération à Poudre: Die seitlich an der Ariane 5 angebrachten Booster. Sie liefern für 2 Minuten 90% des Schubs der Ariane.

EELV: Expandable Evolved Launch Vehicle: Programm des US-Verteidigungsministeriums, mit dem die Entwicklung der Delta 4 und Atlas V gefördert wurde. Ziel war der Ersatz von Delta 2, Atlas 2 und Titan 4 durch neue, preiswertere und flexiblere Trägerraketen.

ELA: Ensemble de Lancement Ariane: Bezeichnung für die Bodenanlagen der Ariane. Dies umfasst die Startrampe wie auch die Gebäude für die Montage und Nutzlastintegration.

ELS: Ensemble de Lancement Soyouz: Bezeichnung für die Bodenanlagen der Sojus 2.

ELV: Ensemble de Lancement Vega: Bezeichnung für die Bodenanlagen der Vega. Diese wird direkt am Startplatz montiert.

EPC: Étage Principal Cryotechnique: Die Zentralstufe der Ariane 5, gefüllt mit flüssigem Sauerstoff und Wasserstoff. Sie liefert den Großteil der Geschwindigkeit, um einen niedrigen Erdorbit zu erreichen. EPC wird auch synonym als Abkürzung für Étage à Propergols Cryotechniques benutzt.

EPS: Étage à Propergols Stockables: Die Oberstufe der Ariane 5. Sie bringt das letzte Quäntchen an Energie auf, um den Orbit zu erreichen. EPS wird synonym auch als Abkürzung für Étage Propulsive Supérieur benutzt.

ERNO: Entwicklungsring Nord: Zusammenschluss von Flugzeugherstellern in Norddeutschland, um gemeinsam als eigenständige Firma mit mehr Kompetenz bei Aufträgen aus dem Bereich Raumfahrt in Erscheinung treten zu können. 1982 fusionierte ERNO mit MBB zu MBB/ERNO.

ES: Evolution Storables: Typenbezeichnung der Ariane 5 Version für das ATV. Evolution kennzeichnet die verbesserte Ariane 5 Variante und Storables steht für die Verwendung des EPS Stufe. Mittlerweile werden mit der Ariane 5 ES auch Galileosatelliten gestartet.

ESA: European Space Agency: Die europäische Raumfahrtagentur.

ESTEC: European Space Research and Technology Centre in Noordwijk, Holland: Zentrum der ESA für die Satellitenentwicklung und Tests. Dort findet für ESA Missionen die technische Planung und Koordination mit der Industrie statt.

Eurockot: 1995 gegründeten Joint Venture aus EADS Astrium Bremen (51%) und GKNPZ Chrunitschew (49%). Eurockot vermarktet die Trägerrakete Rockot und betreibt die Startanlagen in Plessezk.

FLPP: Future Launcher Preparatory Program: ESA Programm zur Entwicklung von Konzepten und Basistechnologien für zukünftige Träger.

FW: Filament Wounding: Bezeichnung für die Technologie aus sehr langen Graphitfasern, die ein zweidimensionales Netz bilden und aus einem Kunstharz einen Kohlefaserverbundwerkstoff herzustellen.

GEO: Geosynchronos Earth Orbit: Eine kreisförmige Bahn in 35.887 km Höhe über dem Äquator. Hier beträgt die Umlaufszeit 24 Stunden. Da sich die Erde ebenfalls in 24 Stunden um ihre Achse dreht, nimmt ein Satellit von der Erde aus eine konstante Position ein. Eine Antenne muss nicht der Bewegung des Satelliten nachgeführt werden. Daher befinden sich in dieser Umlaufbahn die meisten Kommunikationssatelliten.

GSLV: Geosynchronos Standard Launch Vehicle: Indische Trägerrakete, die für Starts in den GTO-Orbit eingesetzt wird.

GTO: Geosynchronos Transferorbit: Eine Bahn mit einem erdnächsten Punkt von typischerweise 185-600 km höhen und einem erdfernsten Punkt von 35887 km. Im erdfernsten Punkt muss ein Satellit durch einen eigenen Antrieb nochmals Geschwindigkeit aufnehmen, um zu einem geostationären Satelliten zu werden.

Hydrazin: Giftige Stickstoffverbindung und Basis für die methylierten Hydrazine MMH und UDMH. Hydrazin kann durch Katalysatoren und Hitze gespalten werden. Es zerfällt unter Energieabgabe in Stickstoff und Wasserstoff und kann so als niederenergetischer Treibstoff genutzt werden. Ariane 5 und das AVUM nutzen Hydrazin als Treibstoff für die Rollachsensteuerung und für die Dreiachsenregelung der letzten Stufe. Hydrazin hat eine Dichte von 1,01 g/cm³.

HTPB (Hydroxyterminiertes Polybutadien): der Binder, mit dem bei modernen Feststofftriebwerken Verbrennungsträger und Oxidator gebunden werden.

ILS: International Launch Services: Ursprünglich Joint Venture von Lockheed-Martin und GPNZ Chrunitschew. ILS bot seit Ende der neunziger Jahre die Atlas und Proton kommerziell an. Ende 2007 verkaufte Lockheed Martin seine Anteile an ILS. Seitdem bietet ILS nur noch Starts mit der Proton-M an.

ISS: International Space Station: Die Internationale Raumstation wird im Endausbau über 420 t schwer sein, Arbeits- und Wohnplätze für sechs Astronauten bieten und ist das teuerste Unternehmen in der bemannten Raumfahrt.

JAXA: Japan Aerospace Exploration Agency: Die japanische Raumfahrtagentur.

LEO: Low Earth Orbit: Erdnaher Orbit, in dem die Nutzlast einer Trägerrakete maximal wird. Ein typischer LEO hat eine Bahnhöhe von 180 bis 250 km und die Bahnneigung entspricht dem geografischen Breitengrad des Startorts.

LH2: flüssiger Wasserstoff mit einer Temperatur von -253 °C. Seine Dichte beträgt 0,069 g/cm³. Wasserstoff liefert bei der Verbrennung mit Sauerstoff oder Fluor sehr viel Energie und damit die höchsten bekannten spezifischen Impulse.

LOX: flüssiger Sauerstoff mit einer Temperatur von -183 °C. Seine Dichte beträgt 1,141 g/cm². Flüssiger Sauerstoff ist ein sehr verbreiteter Oxidator in der Raketentechnik. LOX wird mit flüssigem Wasserstoff oder Kerosin verbrannt.

MMH: Monomethylhydrazin: Ein sehr oft verwendeter Raketentreibstoff. Er wird oft mit Stickstofftetroxid oder Salpetersäure als Treibstoffmischung verwendet. MMH ist zwischen -52 und +87°C flüssig und hat eine Dichte von 0,88 g/cm³.

NASA: National Aeronautics and Space Agency: Die Raumfahrtbehörde der USA.

NTO: amerikanische Abkürzung für Stickstofftetroxid: NTO ist ein lagerfähiger Oxidator, der zusammen mit Hydrazinen selbst entzündliche Gemische bildet. Beide Eigenschaften sind ideal für Antriebssysteme, die über Monate und Jahre hinweg betrieben werden müssen. NTO hat eine Dichte von 1,45 g/cm³ und ist zwischen -11 und 21 °C flüssig. Die EPS Stufe und das AVUM nutzen NTO als Oxidator.

OBC: OnBoard-Computer: Die Abkürzung für den Rechner der Ariane 5 und Vega.

Perigäum: erdnächster Punkt einer Umlaufbahn.

PSLV: Polar Standard Launch Vehicle: Indische Trägerrakete, die für Starts in sonnensynchrone Bahnen eingesetzt wird.

SART: Systemanalyse Raumtransport: DLR Fachbereich, der sich mit der Konzeption neuer Trägerkonzepte befasst.

Snecma: Société Nationale d'Études et de Constructions de Moteurs d'Aviation. Bezeichnung des Herstellers der meisten Triebwerke im Arianeprogramm. Snecma übernahm 1990 die Anteile der SEP, welche die Triebwerke HM-7 und Vulcain entwickelte. SNECMA fertigt auch die Düse des P80 Antriebs. Heute ist Snecma Bestandteil der Safran Gruppe.

Spezifischer Impuls: ein Maß für den nutzbaren Energiegehalt eines Treibstoffs und die Effizienz eines Antriebs. Im SI-System wird dazu die Ausströmungsgeschwindigkeit der Gase genommen, wenn sie die Düse verlassen. In den USA wird der Wert durch die Erdbeschleunigung geteilt, und es wird eine Zeit als Dimension erhalten.

SSO: Sun-synchronous Orbit: Eine Umlaufbahn mit einer Bahnneigung über 90 Grad in einer Höhe von 600 bis 1.200 km. Ein Satellit auf dieser Umlaufbahn bewegt sich pro Umlauf um den gleichen Betrag rückwärts im Raum, wie sich die Erde durch die Rotation um die Sonne vorwärts bewegt. Als Folge passiert er einen Punkt auf der Erde immer zur gleichen Ortszeit, und das fotografierte Gebiet wird unter konstanten Lichtbedingungen und identischem Schattenstand fotografiert. Daher werden vor allem Erderkundungssatelliten in einen SSO-Orbit gestartet.

TVC: Thrust Vector Control System: Bezeichnung für ein System, mit dem die Schubrichtung eines Triebwerks verändert werden kann.

UDMH: unsymmetrisches Dimethylhydrazin: Ein Hydrazinderivat, welches wie MMH zusammen mit NTO als Treibstoffkombination eingesetzt wird. Das AVUM setzt UDMH ein. Die Dichte von UDMH beträgt 0,78 g/cm³.

UPG: L'usine de Propergol de Guyane: Fabrik für die Produktion des Feststofftreibstoffs im CSG. Hier wird der Treibstoff für den P80 Booster hergestellt.

VEGA: Vettore Europeo di Generazione Avanzata: Von der ASI entwickelte Trägerrakete.

VENUS: Vega New Upper Stage: Bezeichnung für eine DLR-Studie für eine Vega Oberstufe. Sie sollte den Zefiro 9 Antrieb und das AVUM ersetzen. Auch Bezeichnung für einen Ionenantrieb als zusätzliche Stufe für die Vega.

VERTA: Vega Research and Technology Accompaniment: Bezeichnung für ein Programm zur Weiterentwicklung der Vega und Finanzierung von fünf Vega Starts, um den neuen Träger besser im Markt zu platzieren.

VESPA: Vega Secondary Payload Adapter: Struktur, mit der die Vega neben einer Hauptnutzlast auch drei Sekundärnutzlasten von bis zu 600 kg Gewicht transportieren kann.

ZL: Zone de lancement: Bezeichnung für die eigentliche Startrampe im CSG. Es gibt derzeit drei aktive Startrampen für die Sojus, Ariane 5 und Vega.

K.M. Moritz, E.M. Wintour, M.J. Black,
J.F. Bertram and G. Caruana

Factors Influencing Mammalian Kidney Development: Implications for Health in Adult Life

With 12 Figures

Springer

Karen M. Moritz

School of Biomedical Sciences,
University of Queensland,
St Lucia 4072
Australia

e-mail: k.moritz@uq.edu.au

M. Jane Black
John F. Bertram
Georgina Caruana

Department of Anatomy and Cell Biology,
Monash University,
Clayton, Victoria 3800
Australia

Marelyn Wintour-Coghlan

Department of Physiology,
Monash University, Clayton,
Victoria 3800
Australia

e-mail: mwc@med.monash.edu.au

ISSN 0301-5556
ISBN 978-3-540-77767-0   e-ISBN 978-3-540-77768-7

Library of Congress Control Number: 2008923172

196
Advances in Anatomy Embryology and Cell Biology

Editors

F.F. Beck, Melbourne · F. Clascá, Madrid
M. Frotscher, Freiburg · D.E. Haines, Jackson
N. Hirokawa, Tokyo · Z. Kmiec, Gdansk
H.-W. Korf, Frankfurt · E. Marani, Enschede
R. Putz, München · Y. Sano, Kyoto
T.H. Schiebler, Würzburg
J.-P. Timmermans, Antwerpen

Reviews and critical articles covering the entire field of normal anatomy (cytology, histology, cyto- and histochemistry, electron microscopy, macroscopy, experimental morphology and embryology and comparative anatomy) are published in Advances in Anatomy, Embryology and Cell Biology. Papers dealing with anthropology and clinical morphology that aim to encourage cooperation between anatomy and related disciplines will also be accepted. Papers are normally commissioned. Original papers and communications may be submitted and will be considered for publication provided they meet the requirements of a review article and thus fit into the scope of "Advances". English language is preferred.

It is a fundamental condition that submitted manuscripts have not been and will not simultaneously be submitted or published elsewhere. With the acceptance of a manuscript for publication, the publisher acquires full and exclusive copyright for all languages and countries.

Twenty-five copies of each paper are supplied free of charge.

Manuscripts should be addressed to

Prof. Dr. F. **BECK,** Howard Florey Institute, University of Melbourne, Parkville, 3000 Melbourne, Victoria, Australia
e-mail: fb22@le.ac.uk

Prof. Dr. F. **CLASCÁ,** Department of Anatomy, Histology and Neurobiology,
Universidad Autónoma de Madrid, Ave. Arzobispo Morcillo s/n, 28029 Madrid, Spain
e-mail: francisco.clasca@uam.es

Prof. Dr. M. **FROTSCHER,** Institut für Anatomie und Zellbiologie, Abteilung für Neuroanatomie,
Albert-Ludwigs-Universität Freiburg, Albertstr. 17, 79001 Freiburg, Germany
e-mail: michael.frotscher@anat.uni-freiburg.de

Prof. Dr. D. E. **HAINES,** Ph.D., Department of Anatomy, The University of Mississippi Med. Ctr.,
2500 North State Street, Jackson, MS 39216–4505, USA
e-mail: dhaines@anatomy.umsmed.edu

Prof. Dr. N. **HIROKAWA,** Department of Cell Biology and Anatomy, University of Tokyo,
Hongo 7-3-1, 113-0033 Tokyo, Japan
e-mail: hirokawa@m.u-tokyo.ac.jp

Dr. Z. **KMIEC,** Department of Histology and Immunology, Medical University of Gdansk,
Debinki 1, 80-211 Gdansk, Poland
e-mail: zkmiec@amg.gda.pl

Prof. Dr. H.-W. **KORF,** Zentrum der Morphologie, Universität Frankfurt,
Theodor-Stern Kai 7, 60595 Frankfurt/Main, Germany
e-mail: korf@em.uni-frankfurt.de

Prof. Dr. E. **MARANI,** Department Biomedical Signal and Systems, University Twente,
P.O. Box 217, 7500 AE Enschede, The Netherlands
e-mail: e.marani@utwente.nl

Prof. Dr. R. **PUTZ,** Anatomische Anstalt der Universität München,
Lehrstuhl Anatomie I, Pettenkoferstr. 11, 80336 München, Germany
e-mail: reinhard.putz@med.uni-muenchen.de

Prof. Dr. Dr. h.c. Y. **SANO,** Department of Anatomy, Kyoto Prefectural University of Medicine,
Kawaramachi-Hirokoji, 602 Kyoto, Japan

Prof. Dr. Dr. h.c. T.H. **SCHIEBLER,** Anatomisches Institut der Universität,
Koellikerstraße 6, 97070 Würzburg, Germany

Prof. Dr. J.-P. **TIMMERMANS,** Department of Veterinary Sciences, University of Antwerpen,
Groenenborgerlaan 171, 2020 Antwerpen, Belgium
e-mail: jean-pierre.timmermans@ua.ac.be